Das Endokrinsystem

VCH

Anatomie und Physiologie des Menschen

15 Lehrprogramme

1. Die Zelle
2. Das Skelett
3. Die Muskulatur
4. Herz und Kreislaufsystem
5. Das Abwehrsystem
6. Das Atmungssystem
7. Die Verdauungsorgane
8. Nieren und ableitende Harnwege
9. Die Fortpflanzungsorgane
10. Die Fortpflanzung des Menschen
11. Das Endokrinsystem
12. Ernährung und Stoffwechselsystem
13. Das Nervensystem
14. Die Sinnesorgane
15. Die Haut

Vertrieb:
VCH, Postfach 101161, D-6940 Weinheim (Bundesrepublik Deutschland)
Schweiz: VCH Verlags-AG, Postfach, CH-4020 Basel (Schweiz)
United Kingdom und Irland: VCH Publishers (UK) Ltd., 8 Wellington Court, Wellington Street, Cambridge CB1 1HZ (England)
USA und Kanada: VCH Publishers, Suite 909, 220 East 23rd Street, New York NY 10010-4606 (USA)

ISBN 3-527-26254-7

Band 11

Das Endokrinsystem

David F. Culclasure

VCH

Original English language published by
Prentice-Hall, Inc., Englewood Cliffs, New Jersey, USA

Dieser Band wurde übersetzt von Dr. W. Becker, Heidelberg

1. Auflage 1971
2., verbesserte Auflage 1977
   Bearbeitung: Prof. Dr. H. Seller
   1. Nachdruck 1983
   2. Nachdruck 1986
3., verbesserte Auflage 1991
   Bearbeitung: Dr. H. Mücke und B. Löffler

Die Deutsche Bibliothek - CIP-Einheitsaufnahme

Culclasure, David F.:
Anatomie und Physiologie des Menschen:
15 Lehrprogramme / David F. Culclasure. -
Weinheim; Basel (Schweiz); Cambridge; New York, NY: VCH.
Einheitssacht.: A programmed approach to anatomy und physiology (dt.)
ISBN 3-527-26243-1
ISBN 3-527-25711-X (1. Aufl.)
ISBN 3-527-25730-6 (2. Aufl.)
Bd. 11. Das Endokrinsystem / (dieser Bd. wurde übers. von W. Becker). - 3., verb. Aufl.
(Bearb.: H. Mücke und B. Löffler). - 1991
ISBN 3-527-26254-7

NE: Mücke, Helge (Bearb.)

Satz und Druck: Schwetzinger City-Druck, D-6830 Schwetzingen
Buchbinder: Aloys Gräf, D-6900 Heidelberg
Printed in the Federal Republic of Germany

Inhaltsverzeichnis

Einführung in das Programm

Das im vorliegenden Heft behandelte Thema ist anders als in üblichen Lehrbüchern dargestellt. Statt Sie, den Lernenden, mit einer Unmenge von Material zu konfrontieren, das Sie – um rationell lernen zu können – erst ordnen müssen, ist dieser Text so aufgebaut, daß er zugleich als Lehrmeister fungiert. Das Hauptthema ist in kleine logische Lernschritte aufgeteilt, deren Aufeinanderfolge Ihrem individuellen Lernbedarf angepaßt ist. Zeigen Sie sich nämlich mit einem vorgegebenen Thema vertraut, haben Sie automatisch Zugang zu weiterem Lehrstoff. Können Sie andererseits aus der in einem Lernschritt oder einer Themenfolge gegebenen Information keine klare Konzeption erarbeiten, wird Ihnen zusätzliches Material zugewiesen, das die Beherrschung des betreffenden Gegenstandes erleichtern und beschleunigen soll. Dieses Verfahren wird als innere Programmierung bezeichnet, wobei der von Ihnen zu bearbeitende Text das Programm darstellt. Die Bezeichnung „innere" rührt daher, daß in die Lernfolge verschiedene Optionen (Möglichkeiten zur eigenen Entscheidung) eingebaut sind, mit denen Sie selbst Ihren Fortschritt bestimmen können. Die Fragen, die Sie zu diesem Zwecke beantworten sollen, sind so angelegt, daß Ihr Verständnis in den jeweils wichtigsten Punkten geprüft wird.

Zur Technik folgendes:

1. Sie, als der Lernende, werden mit einer einzelnen in sich geschlossenen Information oder mit einem Konzept konfrontiert, das Sie beherrschen müssen (das ist dann ein Lernschritt).

2. Nachdem Sie Gelegenheit hatten, die Information aufzunehmen, wird durch Fragen festgestellt, ob Sie sie verstanden haben. Jeder Lernschritt endet mit einer Auswahl themenbezogener Fragen, denen Antwortmöglichkeiten zugeordnet sind, die ihrerseits mit einer Seitenangabe versehen sind. Nachdem Sie sich für eine bestimmte Antwort entschieden haben, fahren Sie auf der angegebenen Seite fort.

3. War Ihre Antwort richtig, so wird Ihnen das auf der betreffenden Seite bestätigt, worauf Ihnen dann der Stoff des nächsten Lernschritts angeboten wird. Wählten Sie jedoch eine falsche Antwort, so wird Ihnen auf der angegebenen Seite entweder zusätzliche Information mitgeteilt, oder Sie werden auf die Seite zurückverwiesen, von der Sie ausgingen, oder aber Sie werden zu weiteren Hilfsmitteln hingeführt.

4. Das Programm ist so angeordnet, daß Sie nur dann Zugang zu neuen Informationen, Ideen oder Konzepten haben, wenn Sie den vorhergehenden Lehrstoff wirklich beherrschen; dadurch wird sichergestellt, daß Sie sich den Text wirklich angeeignet und ihn nicht nur gelesen haben.

Sie werden beim Lernen mit diesem programmierten Text den Eindruck gewinnen, mit einem Privatlehrer zu arbeiten. Sie erhalten Informationen in kurzer klarer Form, werden über Ihr Verständnis des Gelernten befragt und erhalten – wenn nötig – zusätzlichen erklärenden Lehrstoff. Sie werden selbst einsehen, daß somit die Schnelligkeit Ihres Lernfortschritts von Ihrer Fähigkeit abhängt, auf die Fragen richtig zu antworten, was wiederum davon abhängt, wie gut Sie das in jedem Lernschritt gebotene Material lernen.

Eingangstest

Ehe Sie mit dem ersten Lernschritt des Programms beginnen, nehmen Sie sich bitte die Zeit, den Eingangstest zu bearbeiten. Das Ergebnis wird Ihnen zeigen, wieviel Sie von der Anatomie und Physiologie des Endokrinsystems bereits wissen, und ein späterer Vergleich mit dem Ergebnis des Abschlußtests wird Ihnen die Möglichkeit geben, den Erfolg Ihres Studiums selbst zu beurteilen. Die richtigen Antworten zum Test finden Sie am Ende des Heftes. Bewahren Sie das Testergebnis gut auf, damit Sie einen Vergleich mit dem am Schluß des Programms geforderten Abschlußtest durchführen können. Benutzen Sie für Ihre Antworten leere Einlegeblätter.

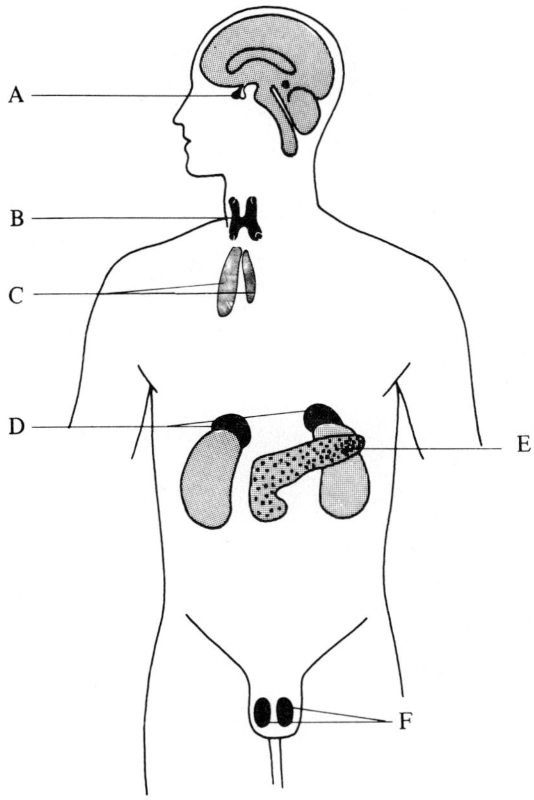

1. Welche Drüse befindet sich am Punkt A der oben stehenden Abbildung, die eine Übersicht über das Endokrinsystem gibt?

   . . . .

2. Welche Drüse befindet sich am Punkt B der oben stehenden Abbildung, die eine Übersicht über das Endokrinsystem gibt?

   . . . .

3. Welche Drüse befindet sich am Punkt C der oben stehenden Abbildung, die eine Übersicht über das Endokrinsystem gibt?

   . . . .

4. Identifizieren Sie die Drüsen am Punkt D der umseitigen Abbildung des Endokrinsystems.

. . . .

5. Welche Drüsen befinden sich am Punkt E der umseitigen Abbildung des Endokrinsystems?

. . . .

6. Welche Drüse befindet sich am Punkt F der umseitigen Abbildung des Endokrinsystems?

. . . .

7. Welche der folgenden Drüsen gibt ihr Sekret in ein Hohlorgan ab?

a) Nebennieren
b) Glandulae parathyreoideae
c) Glandula thyreoidea
d) keine der genannten

8. Welche der nachgenannten Strukturen ist die Adenohypophyse?

a) Hypophysenvorderlappen
b) Nebennierenrinde
c) Hypophysenhinterlappen
d) Nebennierenmark

9. Welches Hormon der Adenohypophyse stimuliert das Wachstum des Skeletts, der inneren Organe und der Weichteile?

a) adrenocorticotropes Hormon
b) somatotropes Hormon
c) thyreotropes Hormon
d) gonadotropes Hormon

10. Welches Hormon wirkt auf die Nebennierenrinde im Sinne einer Stimulierung der Hormonproduktion dieses Organs?

a) TSH
b) ACTH
c) STH
d) keines der genannten

11. Welches Hormon des Hypophysenhinterlappens bewirkt die Uteruskontraktionen während der Geburt?

a) Oxytocin
b) Adiuretin

12. Zwergwuchs resultiert von Mangelsekretion eines Hormons welcher Drüse?

a) Thymus
b) Glandulae parathyreoideae
c) Hypophyse
d) Nebennierenmark

13. Die Produktion und Freisetzung von Thyroxin wird reguliert durch:

a) autonomes Nervensystem
b) thyreotropes Hormon der Adenohypophyse
c) Hormone der Neurohypophyse
d) Aktivität des Nebennierenmarks

14. Mangelsekretion welches Hormons bewirkt Muskelspasmen und Konvulsionen (Tetanie)?

a) Thyreotropin
b) Oxytocin
c) Adiuretin
d) Parathormon

15. Welche der folgenden Strukturen sezerniert Adrenalin?

a) Nebennierenrinde
b) Nebennierenmark
c) Hypophysenvorderlappen
d) Hypophysenhinterlappen

16. Welche Zellen des Pankreas sezernieren Insulin?

a) A-Zellen

b) B-Zellen

c) D-Zellen

d) keine der genannten

17. Welche der folgenden Funktionen wird der Thymusdrüse zugeschrieben?

a) Regulation des Östronzyklus

b) Präparation des Uterus zur Aufnahme des befruchteten Eies

c) Prägung von Lymphozyten vor deren Abgabe an Milz und Lymphknoten

d) Regulation der Wasserabsorption in den distalen Tubuluszellen der Niere

18. Welche Funktion hat der Thymus beim Menschen?

a) Regulation der sexuellen Zyklen

b) Umwandlung nervaler in hormonale Impulse

c) Regulation des Wasserhaushalts

d) die Funktion ist nicht bekannt

19. Welches Hormon bewirkt das Wachstum und die Entwicklung der Vagina und der weiblichen sekundären Geschlechtsmerkmale (z. B. der Brüste)?

a) Östrogen

b) Progesteron

c) Oxytocin

d) Vasopressin

20. Welches spezialisierte Gewebe der Hoden produziert Testosteron?

a) *Leydig*sche Zwischenzellen

b) *Langerhans*sche Inseln

c) Tubuli seminiferi contorti

d) Betazellen

21. Die Sekretion welches gastrointestinalen Hormons verursacht die Kontraktion der Gallenblase?

a) Gastrin

b) Enterogastron

c) Cholecystokinin-Pankreozymin

d) Sekretin

22. Welches Hormon wird vom Corpus luteum produziert?

a) Sekretin
b) Progesteron
c) Adrenalin
d) Noradrenalin

23. Von welchem Hormon nimmt man an, daß es die zelluläre Aufnahme der Glucose steuert?

a) Glucagon
b) Villikinin
c) Insulin
d) Gastrin

24. Das Endokrinsystem besteht aus Drüsen, die ihr Sekret in die Hohlorgane des Körpers oder auf die Oberfläche der Haut sezernieren.

richtig □ falsch □

25. Die chemischen Substanzen, die von den endokrinen Drüsen sezerniert werden, heißen Enzyme.

richtig □ falsch □

26. Im Endokrinsystem werden die Drüsensekrete über Kapillaren, die die einzelnen sekretorischen Drüsen drainieren, direkt in das Blut abgegeben.

richtig □ falsch □

27. Die exokrinen Drüsen sezernieren Hormone über Ausführungsgänge in das Blut.

richtig □ falsch □

28. Hormone wirken mit dem zentralen Nervensystem zusammen, um die verschiedenen Körperaktivitäten zu integrieren.

richtig □ falsch □

29. Die Hypophyse ist im Hals, etwa auf der Höhe des Larynx und oberen Teiles der Trachea, lokalisiert.

richtig □ falsch □

30. Die Adenohypophyse wird wegen der weitreichenden Effekte, die sie auf die anderen endokrinen Drüsen ausübt, häufig als übergeordnete endokrine Drüse bezeichnet.

richtig □ falsch □

31. Hormone, die von der Adenohypophyse sezerniert werden, werden gewöhnlich nach dem endokrinen Organ oder Körperteil benannt, auf das sie wirken.

richtig □ falsch □

32. Die Hypophyse ist über einem stielartigen Fortsatz mit der Unterseite des Gehirns verbunden.

richtig □ falsch □

33. Die Hypophyse ist eine zweigelappte Struktur; die beiden Lappen sind jedoch bezüglich Ursprung, Struktur und Funktion identisch.

richtig □ falsch □

34. Das adrenocorticotrope Hormon der Adenohypophyse stimuliert das Wachstum des Skeletts, der inneren Organe und der Weichteile.

richtig □ falsch □

35. Oxytocin, ein Hormon des Hypophysenhinterlappens, stimuliert die Uteruskontraktion bei der Geburt.

richtig □ falsch □

36. Adiuretin, ein Hormon der Nebenniere, verursacht eine Verengung der kleinen Arterien und Kapillaren.

richtig □ falsch □

37. Mangel an ADH, dem antidiuretischen Hormon der Neurohypophyse, verursacht Diabetes insipidus.

richtig □ falsch □

38. Das thyreotrope Hormon, das vom Hypophysenvorderlappen sezerniert wird, greift hauptsächlich an den Glandulae parathyreoideae an.

richtig ☐ falsch ☐

39. Übersekretion des somatotropen Hormons der Adenohypophyse beeinflußt das Wachstums des Körpers.

richtig ☐ falsch ☐

40. Akromegalie tritt auf, wenn sich eine Hypophysendysfunktion an die Wachstumsperiode anschließt.

richtig ☐ falsch ☐

41. Zwergwuchs resultiert aus einer Mangelsekretion eines Vorderlappen-Hormons der Hypophyse während der Wachstumsperiode.

richtig ☐ falsch ☐

42. Die Glandula thyreoidea wird aus einer Masse dicht gepackter Zellen aufgebaut, die als vesikuläre Follikel bezeichnet werden.

richtig ☐ falsch ☐

43. Die Glandula thyreoidea vereinigt Jod und Tyrosin zu einer chemischen Verbindung, auf die ein Hormon vom Hypophysenvorderlappen einwirkt, woraufhin Thyroxin freigesetzt wird.

richtig ☐ falsch ☐

44. Thyroxin reguliert die Gesamtleistung der Körpergewebe und hat auf diese Weise Einfluß auf die Wachstumsprozesse des Körpers.

richtig ☐ falsch ☐

45. Mangelsekretion von Thyroxin während der Wachstumsperiode führt zu einem Myxödem, einer Form des Zwergwuchses.

richtig ☐ falsch ☐

46. Übersekretion des Schilddrüsenhormons beim Erwachsenen ist mit Nervosität, Erregbarkeit und Exophthalmus verbunden.

richtig □ falsch □

47. Oxytocin und Adiuretin sind wachstumsbeeinflussende Hormone, die vom Hypophysenhinterlappen sezerniert werden.

richtig □ falsch □

48. Die Produktion und Freisetzung von Thyroxin wird hauptsächlich vom autonomen Nervensystem bestimmt.

richtig □ falsch □

49. Ein hoher Blutspiegel von thyrotropem Hormon stimuliert die Sekretion von Thyroxin, welches seinerseits die Sekretion des thyreotropen Hormons hemmt.

richtig □ falsch □

50. Die Anzahl der Nebenschilddrüsen wechselt beim Menschen, beläuft sich jedoch gewöhnlich auf vier.

richtig □ falsch □

51. Das Hormon der Nebenschilddrüsen reguliert den Wasserhaushalt.

richtig □ falsch □

52. Mangelsekretion von Parathormon wird von einem niedrigen Calciumblutspiegel begleitet, der Tetanie hervorrufen kann.

richtig □ falsch □

53. Die Nebennieren sind gelbliche Körper, die am obersten Pol der Nieren lokalisiert sind.

richtig □ falsch □

54. Jede Nebenniere enthält einen Cortex oder äußeren Teil (Rinde) und eine Medulla oder inneren Kern (Mark).

richtig □ falsch □

55. Die Nebennierenrinde sezerniert zwei Hormone, die zum Teil gleichartige, zum Teil antagonistische Wirkung auf den Körper haben: Adrenalin und Noradrenalin.

richtig ☐ falsch ☐

56. Hormone der Nebennierenrinde verursachen eine Steigerung der Pulsfrequenz, eine Erweiterung der Coronararterien und eine Ausschüttung von Zucker in den Blutkreislauf.

richtig ☐ falsch ☐

57. Hormone des Nebennierenmarks verstärken die Wirkung des autonomen Nervensystems während Streßperioden.

richtig ☐ falsch ☐

58. Hormone der Nebennierenrinde werden Corticoide genannt und wirken auf verschiedene Körperfunktionen wie Wasserhaushalt, Produktion von Antikörpern und den Kohlenhydrat- und Fettstoffwechsel.

richtig ☐ falsch ☐

59. Die Pankreasinseln enthalten mindestens drei verschiedene Zelltypen, wobei Insulin von den B-Zellen produziert wird.

richtig ☐ falsch ☐

60. Die Insulinsekretion der Pankreasinseln steht mit der zellulären Aufnahme von Zucker in Zusammenhang.

richtig ☐ falsch ☐

61. Glucagon wirkt hauptsächlich auf die Leber unter Stimulierung der Galleproduktion.

richtig ☐ falsch ☐

62. Der Thymus ist eine flache, rosa bis graue, zweigelappte Drüse in einer Einbuchtung unterhalb des Frontalhirns.

richtig ☐ falsch ☐

63. Die Neurohypophyse ist in früher Kindheit verhältnismäßig groß, hört aber beim Beginn der Pubertät auf zu wachsen und beginnt zu atrophieren.

richtig □ falsch □

64. Die Thymusdrüse liegt hoch in der Brust hinter dem Brustbein (Sternum).

richtig □ falsch □

65. Die Ovarien sind kleine, oval geformte Strukturen im oberen Teil des Beckens; je ein Ovarium befindet sich auf jeder Seite des Uterus.

richtig □ falsch □

66. Man vermutet, daß der Thymus *in utero* und kurz nach der Geburt die Lymphozyten für die Antikörperbildung prägt.

richtig □ falsch □

67. Progesteron ist ein Hormon, das von der Epiphyse während der Schwangerschaft produziert wird.

richtig □ falsch □

68. Progesteron bereitet die Uteruswand für die Implantation des befruchteten Eies vor.

richtig □ falsch □

69. Die Hoden produzieren nicht nur die männlichen Geschlechtszellen, sondern auch ein Steroidhormon, das die Entwicklung der sekundären Geschlechtsmerkmale stimuliert.

richtig □ falsch □

70. Hormone des Hypophysenvorderlappens kontrollieren die Produktion und Ausschüttung von Testosteron.

richtig □ falsch □

71. Freisetzung von Gastrin durch die Magenschleimhaut bewirkt die Ausschüttung von Magensaft in den Magen.

richtig □ falsch □

72. Sekretin wird von der Leber abgegeben, wenn saurer Speisebrei vom Magen in das Colon gelangt.

richtig ☐ falsch ☐

73. Wenn die Duodenalschleimhaut von Fettpartikeln stimuliert wird, sezerniert sie Cholecystokinin-Pankreozymin, welches die Kontraktion der Gallenblase verursacht.

richtig ☐ falsch ☐

74. Das endokrine System besteht aus Drüsen, die ihr Sekret direkt in das .... sezernieren.

75. Endokrine Drüsen extrahieren Substanzen aus dem .... und vollziehen die .... neuer komplexerer Verbindungen, die wesentlich sind für die .... der vitalen Körperprozesse.

76. Die .... ist in einer kleinen Eindellung des Keilbeins lokalisiert und mit der Unterseite des Gehirns durch einen stielartigen Fortsatz verbunden.

77. Mangelsekretion von .... bewirkt einen niedrigen Blutcalciumspiegel, der Tetanie verursachen kann.

78. Verstreut durch das Pankreas finden sich Gruppen spezialisierter Zellen, welche .... und .... sezernieren.

79. Die Hypophyse besteht aus .... Teilen, von denen jeder erhebliche Unterschiede bezüglich Ursprung, Struktur und Funktion aufweist.

80. Da ihre Sekrete so weitreichende Effekte auf die meisten anderen endokrinen Drüsen haben, wird die .... als übergeordnete endokrine Drüse bezeichnet.

81. Das .... der übergeordneten endokrinen Drüse wirkt auf die Nebennierenrinde und stimuliert die Produktion von Hormonen, die besonders für den Stoffwechsel von Zucker und Eiweiß Bedeutung haben.

82. Das .... Hormon der übergeordneten endokrinen Drüse (Adenohypophyse) stimuliert das Wachstum des Skeletts, der inneren Organe und der Körpergewebe.

83. Zwei Substanzen wurden aus dem Hypophysenhinterlappen isoliert: .... und ....

84. ...., ein Hormon der Neurohypophyse, wirkt auf die Resorption von Wasser in den distalen Tubuli und Sammelrohren der Niere.

85. Produktion und Ausschüttung von Thyroxin in der Glandula thyreoidea wird gesteuert durch das .... Hormon, das von der .... sezerniert wird.

86. .... bedeutet übermäßiges Wachstum der Knochen des Gesichts, der Hände und Füße sowie Verdickung der Haut und Vergrößerung der inneren Organe.

87. Mangelsekretion von .... in der Kindheit verursacht Kretinismus, eine Form des Zwergwuchses.

88. Im Handel erhältliche Formen von ...., einem von der Hypophyse sezernierten Hormon, werden manchmal verwendet, um die Uteruskontraktionen zu steigern und die Blutung bei der Geburt zu vermindern.

89. Die .... sind kleine, rundliche Körper an der Hinterfläche der Schilddrüsenlappen.

Ordnen Sie die Bezeichnungen in der linken Spalte der passenden Definition oder Beschreibung aus der rechten Spalte zu.

90. .... Chymus

91. .... Corpus luteum

92. .... Glucagon

93. .... Insulin

94. .... Adrenalin

95. .... Homöostase

96. .... Myxödem

97. .... Abort

a) Hormon, das auf die Leber einwirkt und die Aufspaltung und Abgabe von Glykogen bewirkt

b) chemische, durch endokrine Drüsen sezernierte Substanz, die verschiedene Körperfunktionen integriert

c) gelbe Masse im Ovarium, die aus einem *Graaf*schen Follikel entsteht, der ausgereift ist und die Eizelle ausgestoßen hat

d) vorzeitige Ausstoßung des Embryos oder des nicht lebensfähigen Fetus aus dem Uterus

e) Hormon, das die zelluläre Aufnahme von Zucker reguliert

f) halbflüssiger, teilweise verdauter Speisebrei, der in periodischen Abständen aus dem Magen in das Duodenum abgegeben wird

g) Hormon, das vom Mark der Nebenniere sezerniert wird und den Körper auf Notfallreaktionen einstellt

h) Körperkondition, die durch Mangelsekretion des Thyroxins bei Erwachsenen verursacht wird

i) Körperkondition, die durch Übersekretion des Thyreoideahormons während der Wachstumsjahre hervorgerufen wird

j) ausgeglichener innerer Körperzustand

k) Hormon der Nebenschilddrüsen

l) kleine weiße Struktur im Zentrum des Gehirns

m) Gruppe von cholesterinartigen Verbindungen

Das Endokrinsystem

Endokrine und exokrine Drüsen

Das Endokrinsystem besteht aus Drüsen, die ihr Sekret direkt – d. h. nicht über besondere Ausführungsgänge – in den Blutstrom sezernieren. Sie unterscheiden sich von den exokrinen Drüsen, welche ihr Sekret durch einen Ausführungsgang in ein Hohlorgan wie den Magen oder auf die Oberfläche der Haut (Beispiel: Schweißdrüsen) sezernieren. Endokrine Drüsen nehmen Substanzen aus dem Blutstrom auf und synthetisieren daraus neue komplexere Substanzen, die wesentlich sind für die Regulation lebenswichtiger Körpervorgänge. Abb. 1 gibt eine Übersicht über die verschiedenen endokrinen Drüsen.

Die Substanzen, die von den endokrinen Drüsen sezerniert werden, werden Hormone genannt. Diese chemischen Substanzen erfüllen eine Reihe wichtiger Funktionen. Sie integrieren die verschiedenen Körperaktivitäten (in Zusammenhang mit dem Nervensystem); sie sorgen dafür, daß bestimmte Gewebegruppen einheitlich auf einen Reiz reagieren; sie bewirken die Aufrechterhaltung der Homöostase, d. h. eines ausgeglichenen inneren Körperzustandes; schließlich bestimmen sie Geschwindigkeit und Form des Körperwachstums.

Frage: Welche Arten von Drüsen sezernieren in ein Hohlorgan oder auf die Hautoberfläche?

a) endokrine Drüsen → S. 3

b) exokrine Drüsen → S. 5

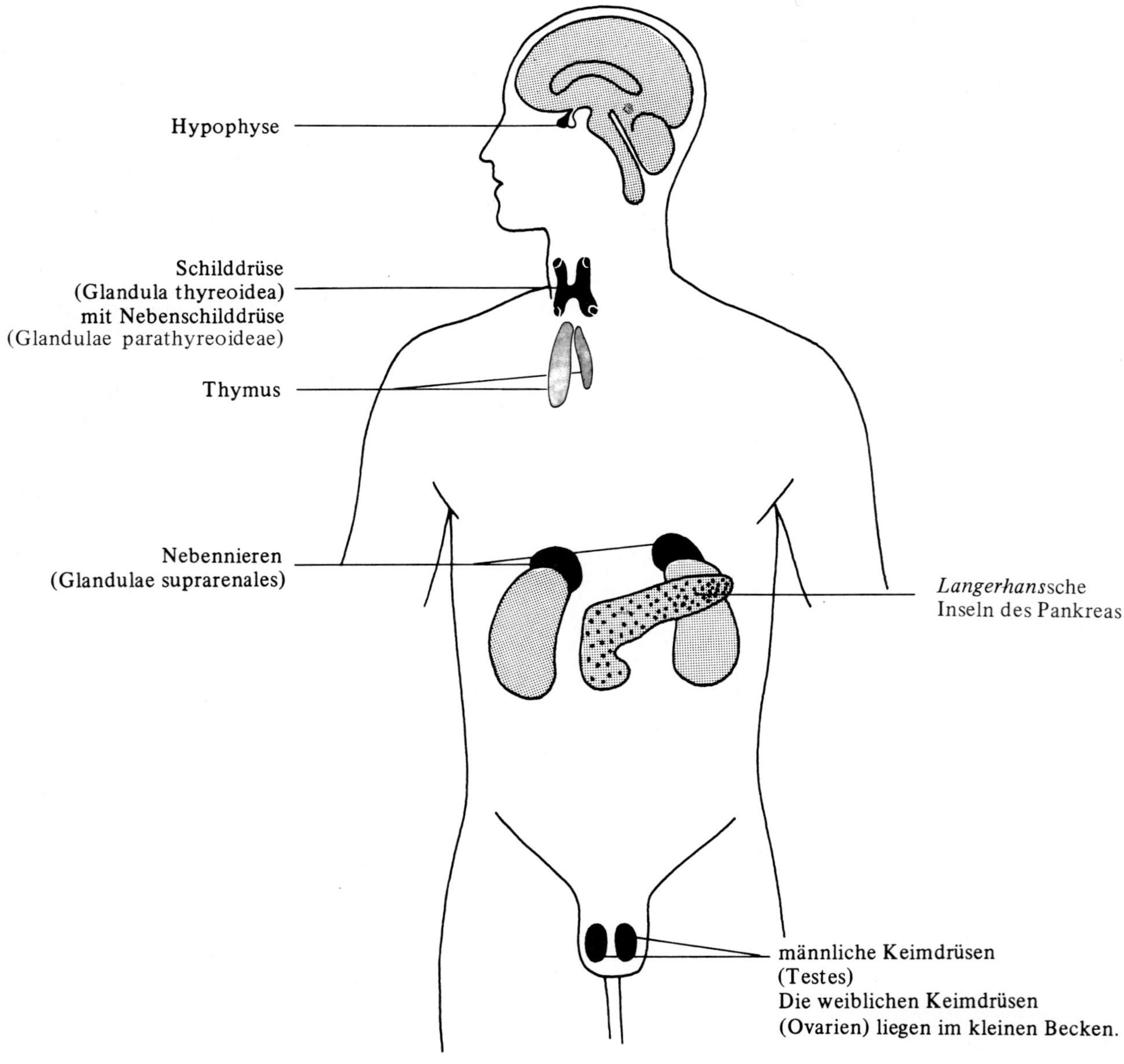

Abb. 1. Endokrine Drüsen (Drüsen ohne Ausführungsgänge).

Ihre Antwort: Endokrine Drüsen.

Sie irren sich. Die endokrinen Drüsen geben ihre Sekrete direkt in den Blutstrom ab und *nicht* in Gänge, welche das Sekret in ein Hohlorgan oder an die Körperoberfläche transportieren. Bei den endokrinen Drüsen werden die Sekrete (Hormone) über die Kapillaren, die die verschiedenen sekretorischen Organe mit Blut versorgen, in den Blutstrom abgegeben.

Bitte schlagen Sie S. 5 auf und fahren Sie mit dem Programm fort.

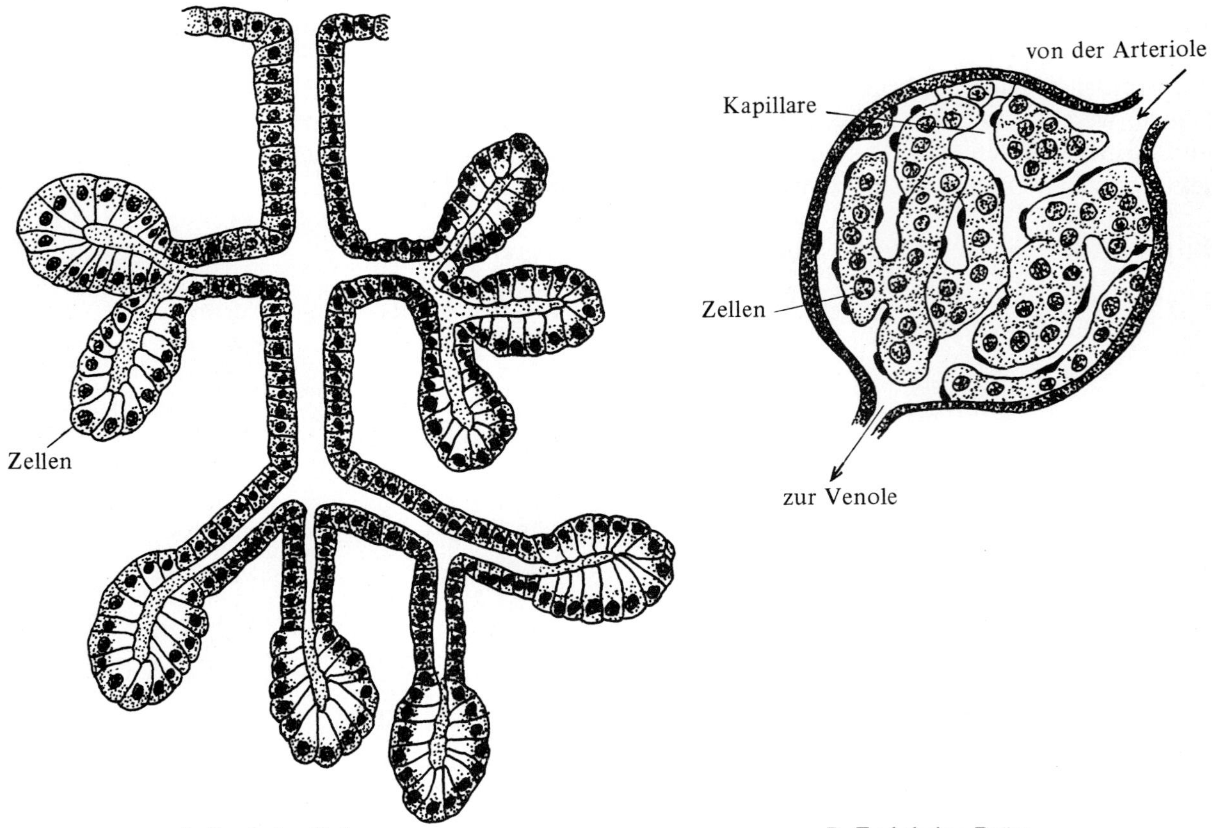

A. Exokrine Drüse
(Drüse mit Ausführungsgang)

B. Endokrine Drüse
(Drüse ohne Ausführungsgang)

Abb. 2. Bau endokriner und exokriner Drüsen.

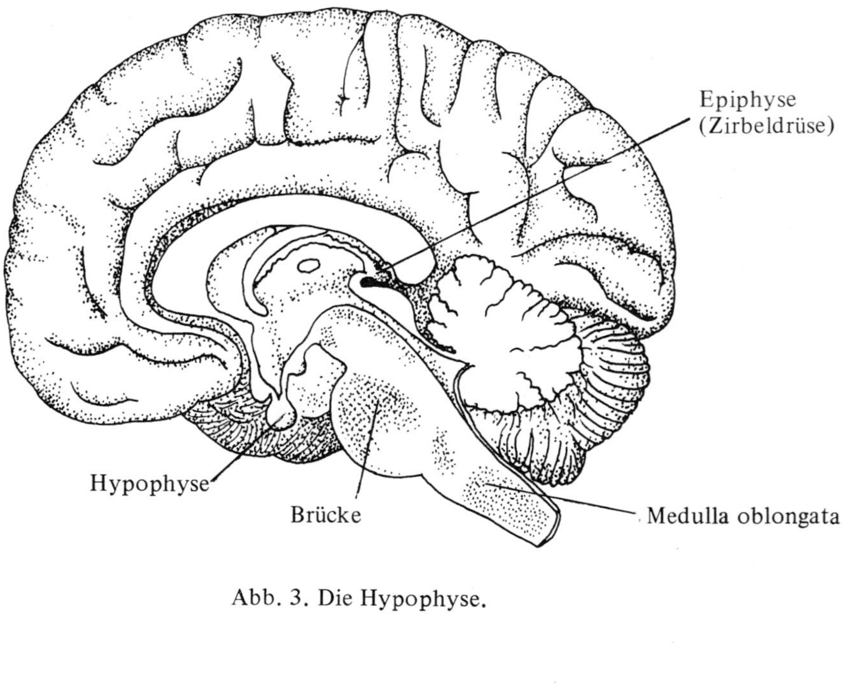

Abb. 3. Die Hypophyse.

(von S. 1)

Ihre Antwort: Exokrine Drüsen.

Richtig! Die exokrinen Drüsen geben ihre Sekrete an ein Hohlorgan oder an die Körperoberfläche über mehr oder weniger feine Ausführungsgänge ab. Beispiele sind die Schweiß- und Tränendrüsen.

Abb. 2 zeigt den Unterschied zwischen endokrinen und exokrinen Drüsen.

Hypophyse

Die Hypophyse ist in einer kleinen Einbuchtung des Keilbeins (Os sphenoidale) lokalisiert (einem keilförmigen Knochen, der die Schädelbasis bildet). Sie ist mit dem unteren Teil des Hirnes durch einen stielartigen Fortsatz verbunden (s. Abb. 3).

Die Hypophyse besteht aus zwei Teilen, welche erhebliche Unterschiede bezüglich Ursprung, Struktur und Funktion aufweisen. Der vordere Anteil wird unterschiedlich als Vorderlappen oder als Adenohypophyse bezeichnet, während der hintere Anteil als Hinterlappen oder Neurohypophyse bezeichnet wird. Zwischen den beiden liegt ein schmaler Gewebestreifen, welcher als Zwischenlappen bekannt ist.

Frage: Welcher Lappen der Hypophyse wird als Adenohypophyse bezeichnet?

a) der Vorderlappen → S. 7

b) der Hinterlappen → S. 8

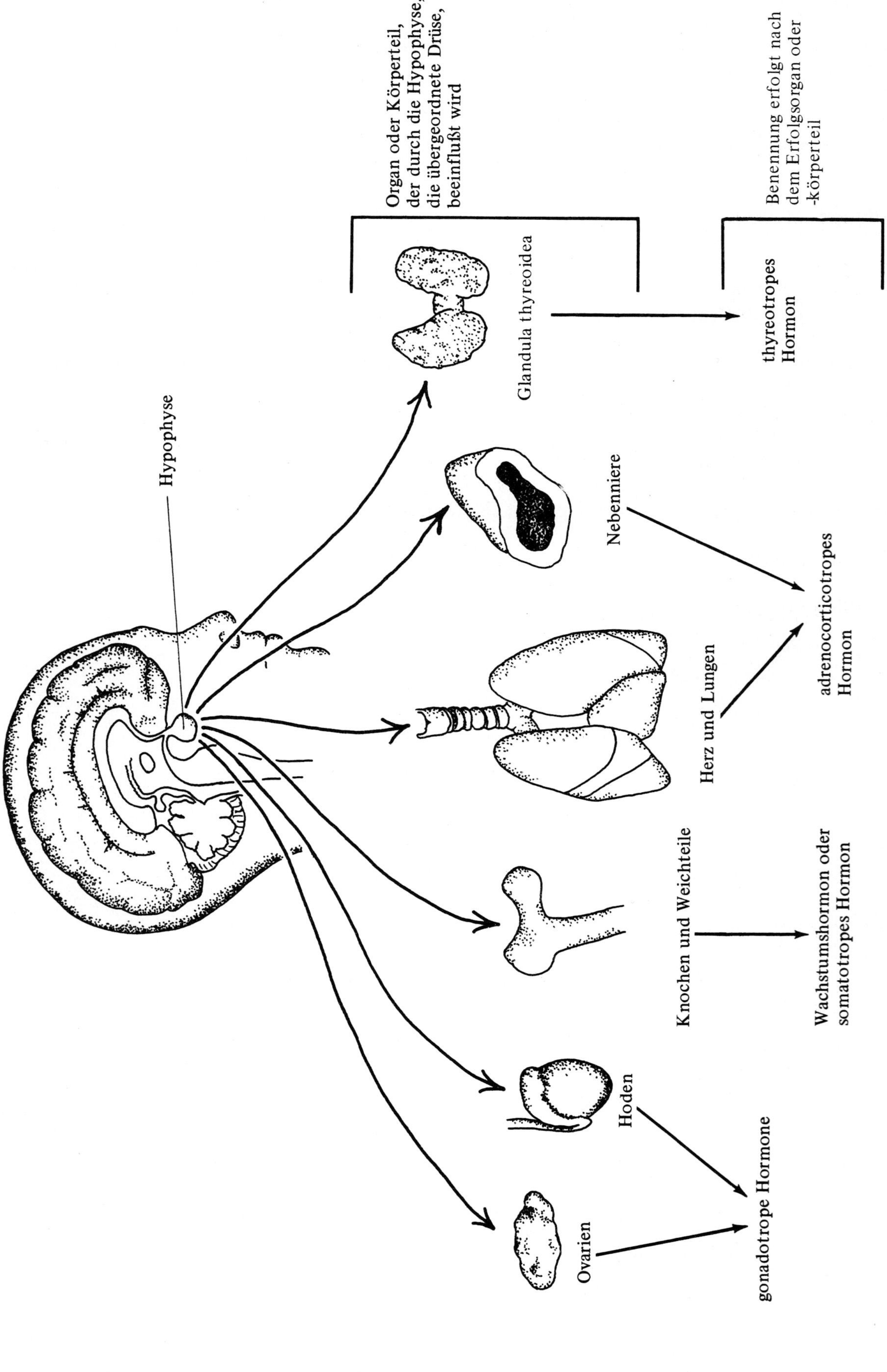

Abb. 4. Beziehungen der Hypophyse zu anderen endokrinen Drüsen und Körperteilen.

(von S. 5)

Ihre Antwort: Der Vorderlappen.

Richtig! Der Vorderlappen wird als Adenohypophyse bezeichnet.

Adenohypophyse (Hypophysenvorderlappen)

Eine Anzahl von Hormonen wurde aus dem Hypophysenvorderlappen isoliert. Da diese Hormone weitgehende Effekte auf andere endokrine Drüsen ausüben, wird der Hypophysenvorderlappen als übergeordnete endokrine Drüse bezeichnet (s. Abb. 4). Die meisten Hormone dieser übergeordneten Drüse werden nach dem endokrinen Organ oder Körperteil bezeichnet, auf welches sie einwirken, z. B. thyreotropes Hormon (TSH), welches die Schilddrüse (Glandula thyreoidea) stimuliert; adrenocorticotropes Hormon (ACTH), welches die Nebennierenrinde anregt; gonadotrope Hormone, welche auf die Geschlechtsdrüsen einwirken; und somatotropes oder Wachstumshormon (STH), welches besonders das Wachstum der Knochen, aber auch der inneren Organe und Muskulatur, Binde- und Fettgewebe beeinflußt.

Frage: Welche Hormone, die vom Hypophysenvorderlappen sezerniert werden, stimulieren das Wachstum des Skeletts, der inneren Organe und der Weichteile?

a) adrenocorticotropes Hormon → S. 9

b) somatotropes Hormon → S. 10

c) thyreotropes Hormon → S. 11

(von S. 5)

Ihre Antwort: Der Hinterlappen.

Sie irren sich. Der Hinterlappen ist *nicht* als Adenohypophyse bekannt. Er wird vielmehr als Neurohypophyse bezeichnet. Nachdem sich die verschiedenen Lappen erheblich bezüglich Ursprung, Struktur und Funktion unterscheiden, ist es wesentlich, daß Sie die Lappen mit ihren korrekten Namen kennen.

Bitte kehren Sie zu S. 5 zurück, wenn Sie den vorhergehenden Stoff wiederholen wollen.

Zur Fortführung des Programms schlagen Sie bitte S. 7 auf.

(von S. 7)

Ihre Antwort: Adrenocorticotropes Hormon.

Sie irren sich. Das adrenocorticotrope Hormon (ACTH) wirkt auf die Nebennierenrinde und stimuliert die Produktion von Hormonen, die besonders im Zusammenhang mit dem Stoffwechsel von Zucker und Eiweiß Bedeutung haben. Es stimuliert *nicht* das Skelettwachstum, die inneren Organe und die Weichteile. Bitte wiederholen Sie den Stoff von S. 7, bevor Sie versuchen, die richtige Antwort zu geben.

Kehren Sie zu S. 7 zurück.

(von S. 7)

Ihre Antwort: Somatotropes Hormon.

Richtig! Das somatotrope Hormon stimuliert das Wachstum des Skeletts, der inneren Organe und der Weichteile des Körpers im allgemeinen. Es stellt jedoch, obwohl es einen sehr wichtigen Wachstumseffekt verursacht, nicht den einzigen Wachstumsfaktor dar.

Hormone des Hypophysenvorderlappens

Das thyreotrope Hormon (TSH, von englisch: thyroid stimulating hormone; auch Thyrotropin genannt), welches von dem Hypophysenvorderlappen sezerniert wird, stimuliert das Wachstum der Schilddrüse (Glandula thyreoidea) und steuert die Bildung und Freisetzung von Schilddrüsenhormon. ACTH, das adrenocorticotrope Vorderlappenhormon, wirkt auf die Nebennierenrinde durch Stimulation der Produktion ihrer Hormone. Es bezieht sich besonders auf die glucocorticoiden Hormone, welche bei dem Metabolismus von Zucker und Eiweiß eine Rolle spielen. Das somatotrope Hormon (STH) vom Hypophysenvorderlappen verursacht einen außerordentlich starken Effekt auf den Wachstumsmechanismus. Tiere, denen täglich Dosen dieses Hormons gegeben werden, wachsen zu Riesengrößen heran. Die gonadotropen Hormone des Vorderlappens wirken auf die Genitalorgane und werden in vermehrten Mengen bei Beginn der Pubertät freigesetzt.

Frage: Welches Hormon wirkt auf die Nebennierenrinde durch Stimulation der Produktion ihrer Hormone?

a) ACTH → S. 12

b) TSH → S. 13

(von S. 7)

Ihre Antwort: Thyreotropes Hormon.

Sie irren sich. Das thyreotrope Hormon wirkt auf das Wachstum und die Sekretion der Glandula thyreoidea, *nicht* auf das Wachstum des Skeletts, der inneren Organe und der Weichteile. Bitte wiederholen Sie den Stoff von S. 7, bevor Sie versuchen, die richtige Antwort zu geben.

Kehren Sie zu S. 7 zurück.

(von S. 10)

Ihre Antwort: ACTH.

Richtig! ACTH – das adrenocorticotrope Hormon – wirkt auf die Nebennierenrinde. Es bewirkt vor allem die Produktion der Glucocorticoide der Nebennierenrinde. Diese Hormone sind besonders mit dem Metabolismus von Zucker und Eiweiß befaßt.

Neurohypophyse (Hypophysenhinterlappen)

Zwei gut bekannte Substanzen wurden aus Extrakten des Hypophysenhinterlappens (Neurohypophyse) isoliert. Diese Substanzen sind Oxytocin und Adiuretin. Oxytocin stimuliert die Uteruskontraktion bei der Geburt, die man Wehen nennt. Es beeinflußt außerdem die Milchbildung in der Brust. Adiuretin (manchmal auch als ADH oder antidiuretisches Hormon bezeichnet) wirkt auf die Resorption von Wasser in den distalen Tubuli und Sammelrohren der Niere. Bei Fehlen von ADH kommt es daher zu einer vermehrten Urinbildung (Diurese). Das Krankheitsbild, bei dem durch Mangel an ADH sehr viel Harn ausgeschieden wird, wodurch Durst entsteht und viel Flüssigkeit aufgenommen werden muß, heißt Diabetes insipidus.

Frage: Welche Substanz der Neurohypophyse (Hypophysenhinterlappen) verursacht die Kontraktion des Uterus bei der Geburt?

a) Oxytocin → S. 15

b) Adiuretin (ADH) → S. 16

(von S. 10)

Ihre Antwort: TSH.

Sie irren sich. TSH – das thyreotrope Hormon – wirkt *nicht* auf die Nebennierenrinde. Es wirkt dagegen auf die Thyreoidea unter Beeinflussung ihres Wachstums und der Produktion und Sekretion ihrer Hormone.

Bitte fahren Sie auf S. 12 mit dem Programm fort.

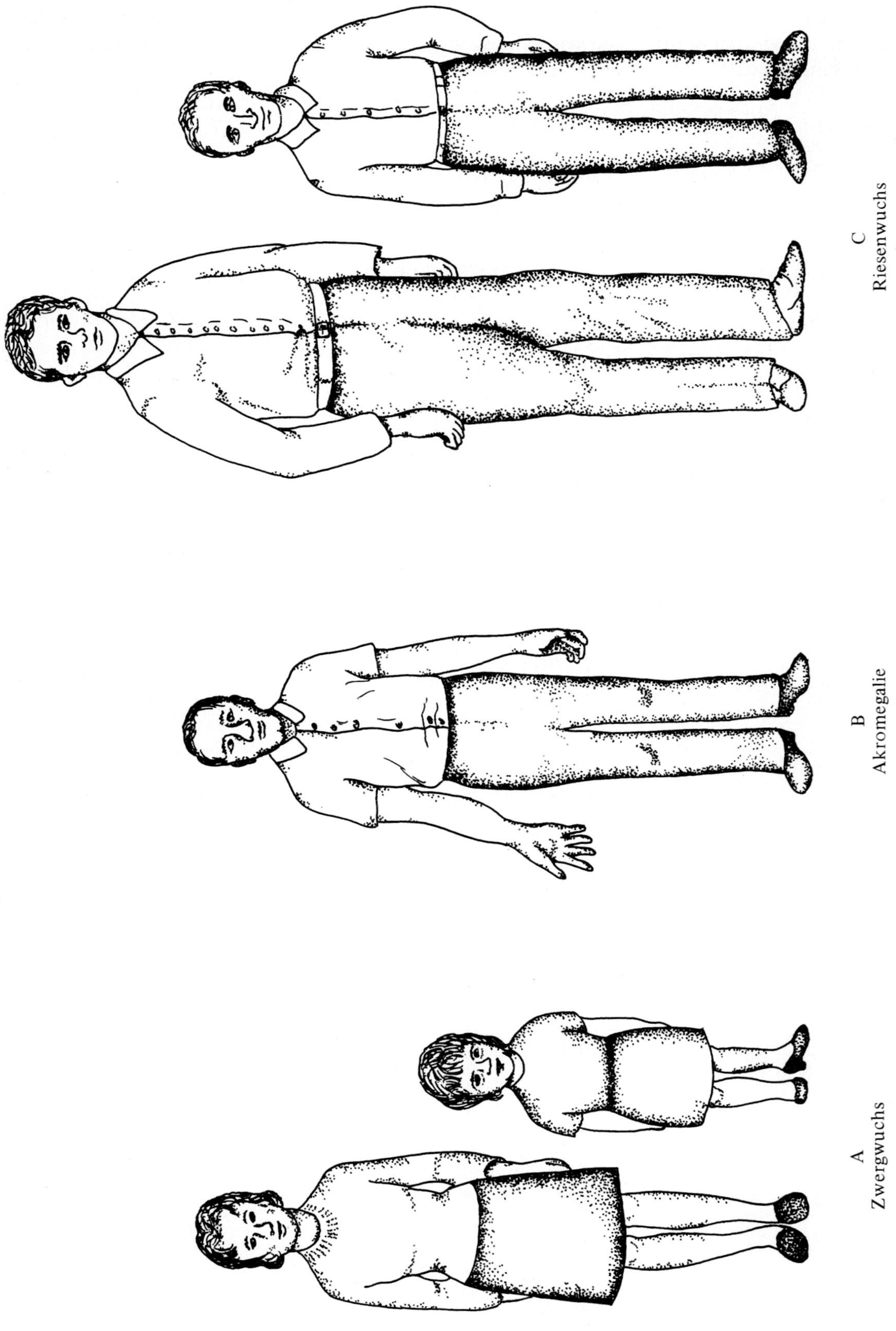

Abb. 5. Folgezustände bei Fehlfunktion der Hypophyse.

(von S. 12)

Ihre Antwort: Oxytocin.

Richtig! Oxytocin verursacht die Uteruskontraktion bei der Geburt. Im Handel erhältliche Formen dieser Verbindung werden manchmal verwendet, um die Uteruskontraktion zu verstärken und um Blutungen im Anschluß an die Geburt zu vermindern. Oxytocin verursacht außerdem bei der Laktation der Brust die Freigabe von Milch.

Hypophysenstörungen

Überproduktion des somatotropen Hormons (häufig im Zusammenhang mit einem Tumor der Adenohypophyse) verursacht Akromegalie und Gigantismus. Bei der Akromegalie tritt vermehrtes Wachstum der Knochen des Gesichtes, der Hände und Füße ein, ferner Verdickungen der Haut sowie Vergrößerung der inneren Organe. Akromegalie kommt zustande, wenn die Hypophysendysfunktion im Anschluß an die Wachstumsperiode auftritt. Wenn die Hypophysenstörung während des Wachstums auftritt, bewirkt die Übersekretion des somatotropen Hormons eine Erkrankung, die als Riesenwuchs (Gigantismus) bekannt ist. Bei dieser Erkrankung sind alle Knochen betroffen, und es wurde Wachstum bis zu einer Länge von 270 cm beobachtet.

Andererseits verursacht mangelnde Produktion des somatotropen Hormons während der Wachstumsperiode Zwergwuchs. Diese verschiedenen Erkrankungen sind in Abb. 5 zusammengestellt.

Frage: Die Mangelsekretion eines Hormons der Hypophyse verursacht Zwergwuchs. Aus welchem Teil der Hypophyse stammt das betreffende Hormon?

a) Adenohypophyse → S. 18

b) Neurohypophyse → S. 19

(von S. 13)

Ihre Antwort: Adiuretin (ADH).

Sie irren sich. Adiuretin (auch ADH genannt) verursacht *nicht* die Uteruskontraktion bei der Geburt. Vielmehr wirkt dieses Hormon auf die Resorption von Wasser aus den distalen Nierentubuli und Sammelrohren der Niere und wirkt damit einer zu starken Harnausscheidung (Diurese) entgegen, daher auch der Name antidiuretisches Hormon.

Bitte schlagen Sie S. 15 auf, und fahren Sie mit dem Programm fort.

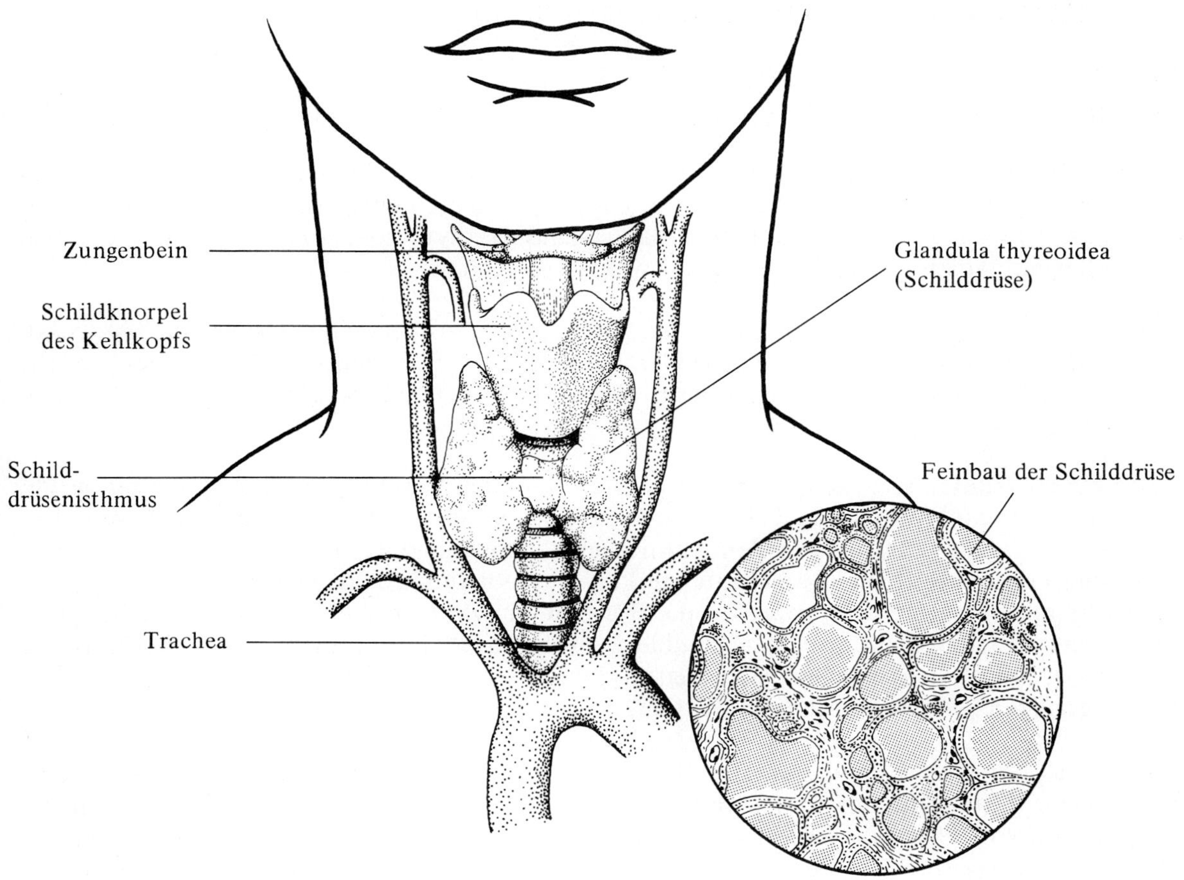

Abb. 6. Die Schilddrüse (Glandula thyreoidea).

(von S. 15)

Ihre Antwort: Adenohypophyse.

Richtig! Zwergwuchs resultiert aus der Mangelsekretion des somatotropen Hormons der Adenohypophyse (Hypophysenvorderlappen) während der Wachstumsperiode. Wie vorher erwähnt, führt die Übersekretion des Hormons während der Wachstumsperiode zu Gigantismus; Übersekretion im Anschluß an die Wachstumsperiode führt zu Akromegalie.

Glandula thyreoidea

Die Glandula thyreoidea oder Schilddrüse ist am Hals lokalisiert etwa in der Höhe des Larynx und oberen Teils der Trachea. Sie besteht aus zwei Lappen, die durch eine Brücke aus Drüsengewebe, den Isthmus, verbunden sind. Innerlich ist die Glandula thyreoidea aus einer Masse dichtgepackter Zellen aufgebaut, die Follikel genannt werden (s. Abb. 6).

Die Thyreoidea ist eines der empfindlichsten Organe des Körpers, ihre Größe und Aktivität wechselt während bestimmter Zeiten, wie der Pubertät, der Schwangerschaft und bei physiologischen Streßsituationen. Veränderungen in Größe und Aktivität werden auch während des normalen Menstruationszyklus beobachtet.

Zwei Substanzen werden von der Glandula thyreoidea aus dem Blut aufgenommen, um daraus die Thyreoideahormone (Thyroxin und Trijodthyronin) zu produzieren. Die Substanzen sind Jod und Tyrosin – eine der fünf essentiellen Aminosäuren. Die Glandula thyreoidea verbindet diese zunächst mit bestimmten Eiweißen (Proteinen) zu Thyreoglobulin, auf welches das vom Hypophysenvorderlappen sezernierte thyreotrope Hormon einwirkt. Dabei wird das Thyreoglobin gespalten, und es entstehen die beiden Schilddrüsenhormone Thyroxin und Trijodthyronin, die beide einen grundsätzlich gleichen Wirkungsmechanismus haben. Trijodthyronin ist jedoch in wesentlich geringeren Konzentrationen wirksam.

Die Schilddrüsenhormone regulieren die Geschwindigkeit der metabolischen Prozesse in den Körpergeweben (Grundumsatz) und damit auch des Wachstums. Im Kindesalter verursacht die Mangelsekretion von Thyroxin Kretinismus (eine Form des Zwergwuchses); Mangelsekretion bei Erwachsenen verursacht Myxödem (geistige Stumpfheit, dick aufgetriebenes Gesicht usw.). Übersekretion bei Erwachsenen verursacht einen erhöhten Metabolismus, der mit Nervosität, Erregbarkeit und Vorwölbung der Augen (Exophthalmus) verbunden ist.

Frage: Wodurch wird die Produktion und Freisetzung von Thyroxin reguliert?

a) durch das autonome Nervensystem → S. 20

b) durch das thyreotrope Hormon → S. 22

(von S. 15)

Ihre Antwort: Neurohypophyse.

Sie irren sich. Zwergwuchs wird *nicht* durch Mangelsekretion eines Hormons der Neurohypophyse verursacht. Er entsteht vielmehr durch Mangelsekretion des somatotropen Hormons der Adenohypophyse (Hypophysenvorderlappen).

Wie Sie sich erinnern, sind die Hormone der Neurohypophyse Oxytocin und Adiuretin (ADH), von denen keines das Wachstum beeinflußt.

Bitte fahren Sie auf S. 18 mit dem Programm fort.

(von S. 18)

Ihre Antwort: Durch das autonome Nervensystem.

Sie irren sich. Die Produktion und Ausschüttung (in den Blutstrom) von Thyroxin wird durch das thyreotrope Hormon (TSH) der Adenohypophyse (Hypophysenvorderlappen) reguliert. Das autonome Nervensystem spielt dabei *keine* direkte Rolle. Da jedoch die Körperfunktionen in einer integrierten Einheit verbunden sind, kann ein gewisser autonomer Einfluß vorhanden sein.

Bitte schlagen Sie S. 22 auf, und fahren Sie mit dem Programm fort.

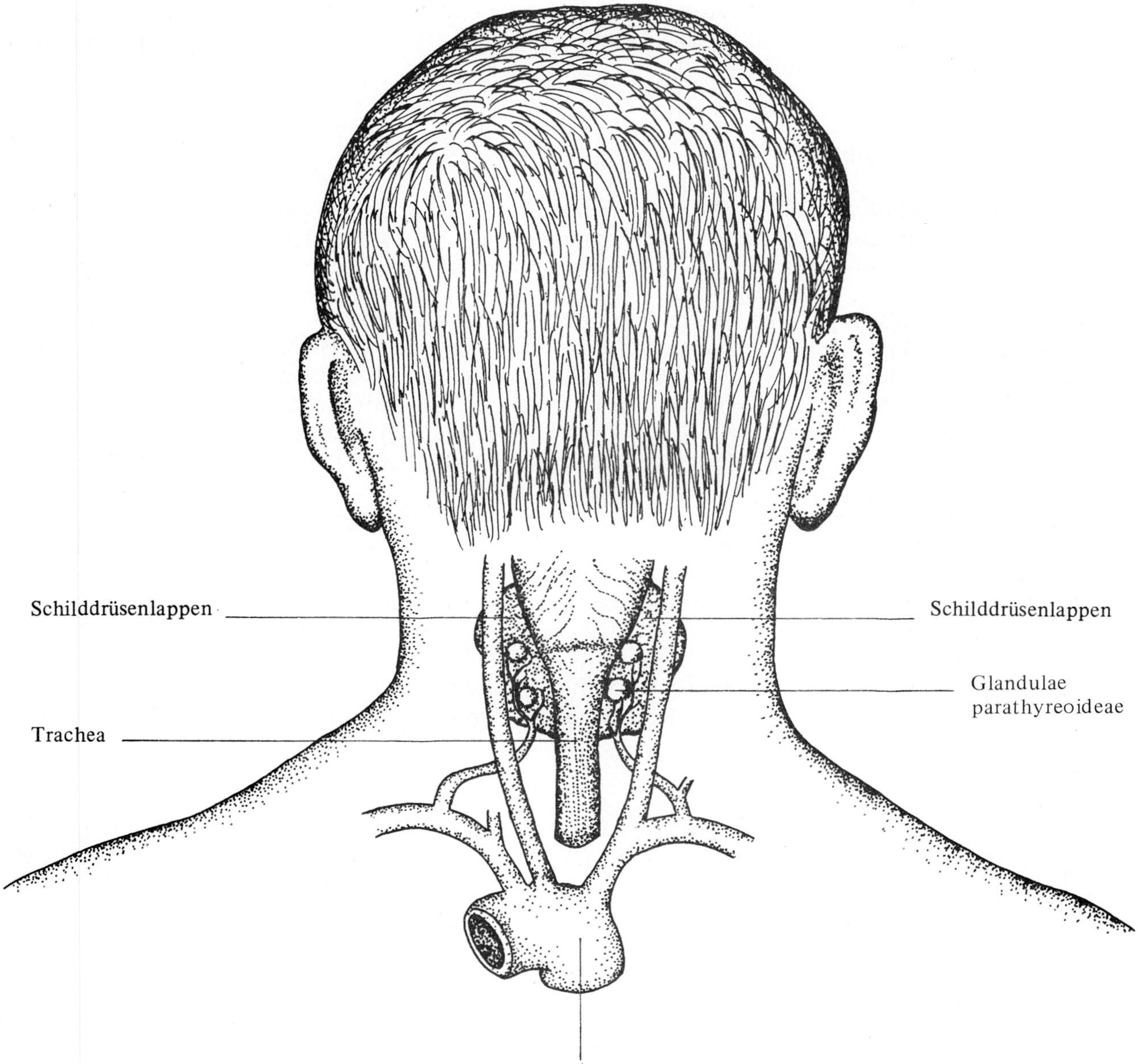

Abb. 7. Rückansicht zur Darstellung der Lage der Glandulae parathyreoideae.

(von S. 18)

Ihre Antwort: Durch das thyreotrope Hormon.

Richtig! Die Produktion und Freisetzung von Thyroxin wird durch TSH, das thyreotrope Hormon der Adenohypophyse (Hypophysenvorderlappen), reguliert. Thyroxin-Sekretion und TSH-Ausschüttung regeln sich gegenseitig: Ein hoher Blutspiegel des thyreotropen Hormons stimuliert die Sekretion von Thyroxin, welches seinerseits die Sekretion von thyreotropem Hormon durch die Adenohypophyse hemmt – ein schönes Beispiel für einen sich selbst steuernden biologischen Regelkreis.

Glandulae parathyreoideae

Die Glandulae parathyreoideae oder Nebenschilddrüsen sind kleine, rundliche Körper an der hinteren Oberfläche der Seitenlappen der Thyreoidea (s. Abb. 7). Normalerweise finden sich vier Drüsen, wenn auch mehr oder weniger beobachtet werden können.

Die Nebenschilddrüsen sezernieren ein Hormon, welches Parathormon genannt wird und den Calciumblutspiegel reguliert. Übersekretion des Parathormons verursacht einen Ausstrom von Calcium aus den Knochen, wodurch der Calciumspiegel im Blutplasma stark ansteigt. Die Exkretion von Calcium durch den Urin wird erhöht, und in Niere, Blase und den Weichteilen (besonders den größeren Arterien) können Calciumverbindungen abgelagert werden. Der Abzug von Calcium aus den Knochen schwächt diese und kann deutliche Deformierungen verursachen.

Mangelsekretion des Parathormons wird von niederem Blutcalciumspiegel begleitet, welcher eine Tetanie – schwere Muskelspasmen und Krämpfe – verursachen kann. Es kann aber auch jeder andere Faktor, der die Konzentration des ionisierten Calciums in den Körperflüssigkeiten vermindert, eine Tetanie verursachen (so Alkalose durch die Übermedikation von Natriumhydrogencarbonat oder anderem Alkali).

Frage: Welches der folgenden Hormone wird Muskelspasmen aufheben, die durch einen niedrigen Spiegel von ionisiertem Calcium in den Körperflüssigkeiten verursacht sind?

a) Thyreotropin → S. 23

b) Parathormon → S. 25

(von S. 22)

Ihre Antwort: Thyreotropin.

Sie irren sich. Thyreotropin – das thyreotrope Hormon (TSH) – würde *keinen* Effekt bei der Behebung von Muskelspasmen bewirken, die durch einen niedrigen Spiegel an ionisiertem Calcium verursacht sind. Dieses Hormon kontrolliert, wie in einem früheren Lernschritt gesagt wurde, die Funktion der Thyreoidea. Sie hätten Parathormon zur Antwort geben sollen; das ist das Hormon der Nebenschilddrüsen (Glanulae parathyreoideae).

Bitte schlagen Sie S. 25 auf, und fahren Sie mit dem Programm fort.

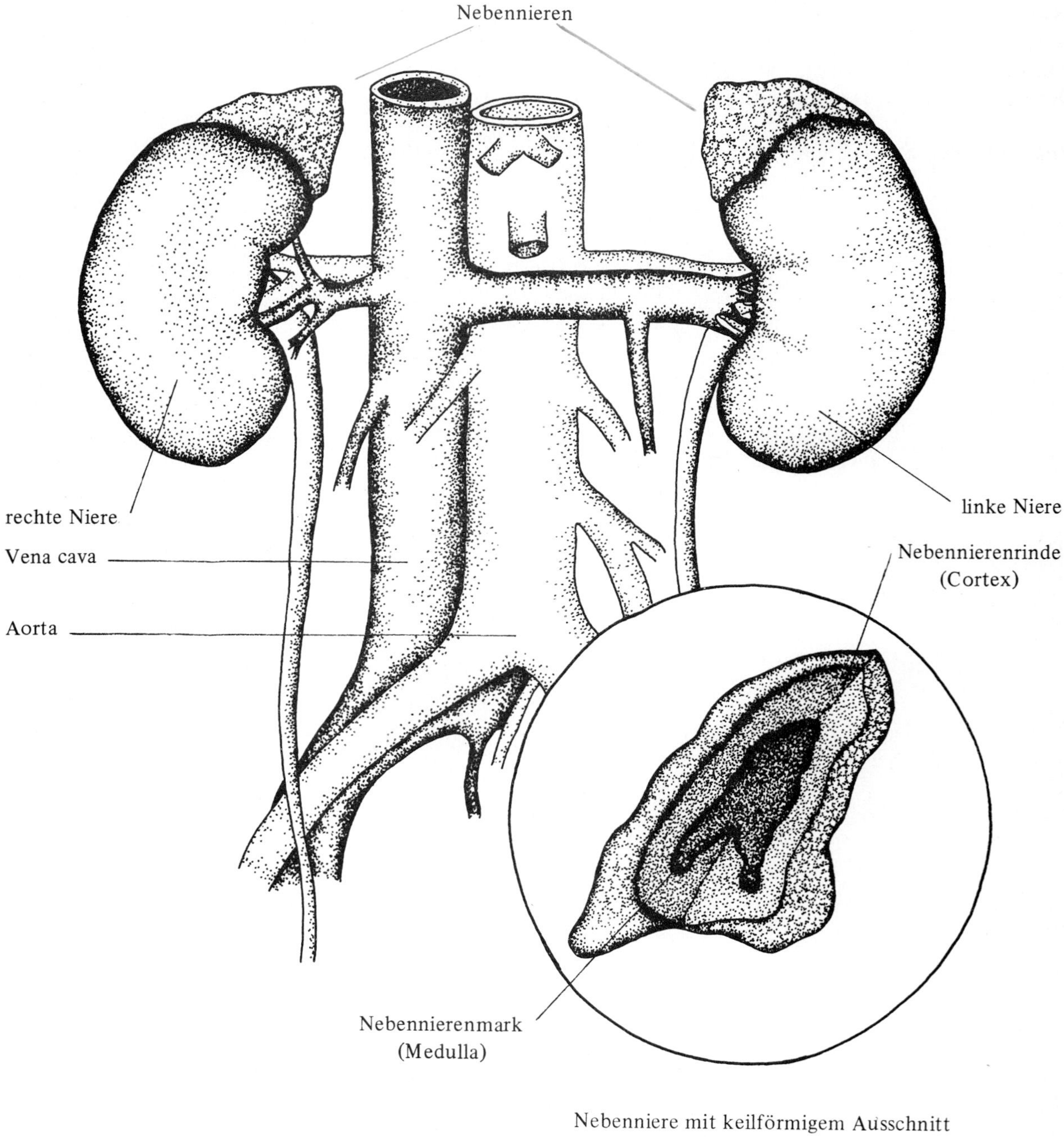

Abb. 8. Die Nebennieren.

(von S. 22)

Ihre Antwort: Parathormon.

Richtig! Muskelspasmen, die durch einen niedrigen Spiegel an ionisiertem Calcium in den Körperflüssigkeiten ausgelöst worden sind, könnten – zumindest zeitweilig – durch die Gabe von Parathormon (oder auch von Calciumverbindungen) behoben werden.

Nebennieren

Die Nebennieren liegen den Nieren oben auf und erscheinen als flache gelbliche Körper. Jede Nebenniere weist einen Cortex (Rinde) und eine Medulla (inneren Kern, Mark) auf. Wie bei den Lappen der Hypophyse sind Cortex und Medulla bezüglich Ursprung, Struktur und Funktion zu unterscheiden. Lokalisation und Struktur der Nebennieren sind in Abb. 8 dargestellt.

Das Nebennierenmark (der innere Kern, Medulla) synthetisiert die Hormone Adrenalin und Noradrenalin. Beide Substanzen treten nur in Streßsituationen (Angst, Alarm, emotionelle Erregung usw.) auf. Dabei kommt es beim Menschen zu einer Ausschüttung eines Gemisches von 80% Adrenalin und 20% Noradrenalin in die Blutbahn. Die beiden Hormone entfalten an manchen Zielorganen gleichartige, an anderen verschiedenartige Wirkungen, was z. T. auf verschiedene Rezeptortypen zurückgeführt wird, aber noch nicht eindeutig geklärt ist. Sie haben Einfluß auf die Herzfrequenz (Adrenalin erhöhend, Noradrenalin senkend), steigern den Blutdruck, bewirken eine Steigerung der Atemtiefe (dabei wirken sie antagonistisch bei der Erschlaffung der Bronchialmuskulatur), rufen eine Steigerung des Blutzuckerspiegels hervor (Noradrenalin allerdings nur gering) und haben Einfluß auf die Erweiterung der Coronararterien und der Blutgefäße der Muskulatur. Auf diese Weise wird der Körper durch ihre Aktion befähigt, mit der Streßsituation fertig zu werden.

Die Hormone des Nebennierenmarks verstärken die Wirkung des autonomen Nervensystems während derartiger Streßsituationen.

Frage: Welcher Teil der Nebennieren produziert Noradrenalin?

a) Cortex → S. 26

b) Medulla → S. 27

(von S. 25)

Ihre Antwort: Cortex.

Sie irren sich. Die Rinde (Cortex) der Nebennieren produziert *nicht* Noradrenalin. Dieses Hormon wird – neben Adrenalin – vom Mark der Nebenniere sezerniert. Die Nebennierenrinde sezerniert eine Vielzahl von Hormonen (ungefähr 30), die Corticoide genannt werden.

Bitte schlagen Sie S. 27 auf, und fahren Sie mit dem Programm fort.

(von S. 25)

Ihre Antwort: Medulla.

Richtig! Das Mark (Medulla) der Nebenniere produziert Adrenalin und in geringeren Mengen Noradrenalin. Beide Hormone verursachen Effekte, die im wesentlichen die Aktionen des autonomen Nervensystems während Streßsituationen verstärken.

Die Nebennierenrinde (oder äußere Schicht) sezerniert eine Anzahl von Hormonen, die notwendig sind für die Körperfunktion. Ihre Aktivität wird durch das adrenocorticotrope Hormon (ACTH) der Adenohypophyse (Hypophysenvorderlappen) reguliert. Hormone der Nebennierenrinde – es gibt etwa 30 – werden Corticoide genannt. Sie sind bei verschiedensten Körperfunktionen beteiligt, wie Wasser- und Mineralhaushalt sowie beim Kohlenhydrat- und Fettstoffwechsel.

Frage: Die Aktivität welches Teils der Nebennieren wird durch das ACTH kontrolliert?

a) Nebennierenrinde → S. 29

b) Nebennierenmark → S. 30

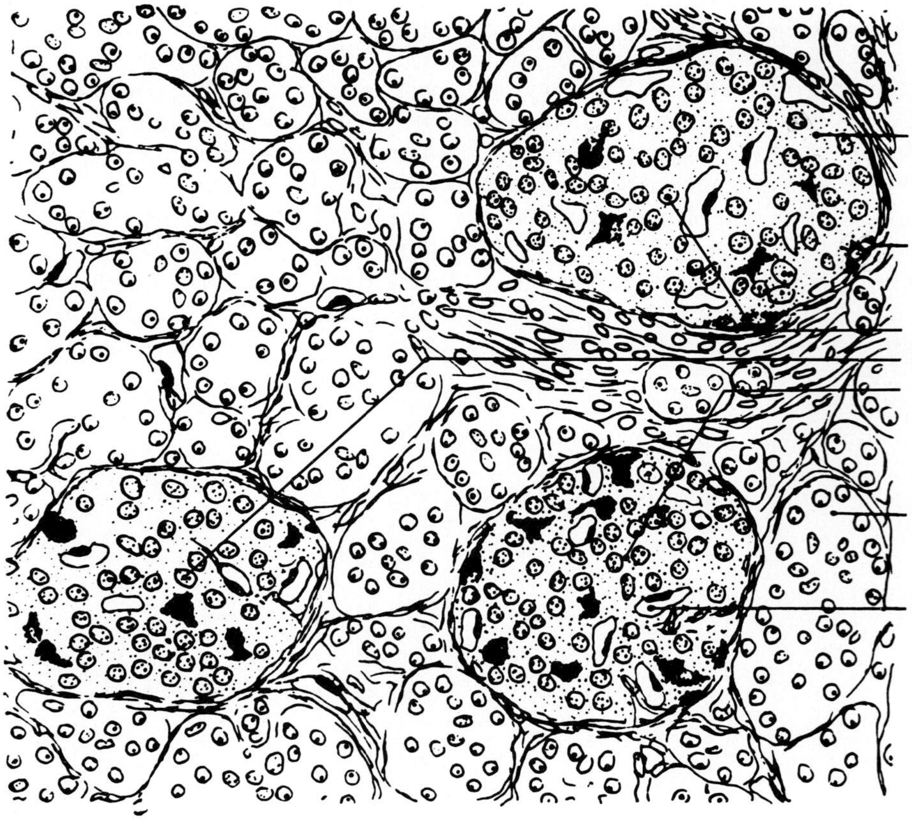

Abb. 9. *Langerhans*sche Inseln im Pankreas.

(von S. 27)

Ihre Antwort: Nebennierenrinde.

Richtig! ACTH (das adrenocorticotrope Hormon) reguliert die Funktion der Nebennierenrinde und beeinflußt auf diese Weise die Produktion von etwa 30 lebenswichtigen Substanzen (Corticoiden) innerhalb der Nebennierenrinde. Die Hormone, die von der Nebennierenrinde produziert werden – die Corticoide – sind Steroide, die chemisch mit dem Cholesterin, den Gallensäuren und den Geschlechtshormonen verwandt sind.

Pankreainseln (*Langerhans*sche Inseln)

Verstreut durch das Pankreas liegen kleine Inseln (Gruppen spezialisierter Zellen), welche zwei Hormone – das Insulin und das Glucagon – sezernieren. Diese Gruppen spezialisierter Zellen werden Pankreasinsel oder auch *Langerhans*sche Inseln genannt. Die Inseln enthalten mindestens drei verschiedene Zelltypen, die sog. A-, B- und D-Zellen, welche strukturell verschieden sind. Insulin wird von den B-Zellen gebildet, Glucagon von den A-Zellen. Die Funktion der D-Zellen ist bisher noch nicht endgültig aufgeklärt, wahrscheinlich wird von ihnen Gastrin produziert. Die Struktur der typischen Inseln ist in Abb. 9 zu sehen.

Die Insulinmoleküle, die von den B-Zellen des Pankreas sezerniert werden, sind außerordentlich komplex und bestehen aus 51 Aminosäuren. Es wird allgemein angenommen, daß die Funktion des Insulins im Körper folgende ist: Nach der Aufnahme von Kohlenhydraten in den Blutstrom steigt der Blutzuckerspiegel, wodurch eine Abgabe von Insulin aus dem Pankreas ausgelöst wird. Dieses Hormon gelangt dann auf dem Blutstrom zu den Körperzellen und bewerkstelligt den Eintritt von Zucker in die Zellen. Nach dieser Anschauung reguliert also die Insulinsekretion der Pankreasinseln die zelluläre Aufnahme von Zucker. Mangel an Insulin wird von überhöhtem Blutzuckerspiegel, Wasser- und Elektrolytverlust, Hypotonie und gelegentlich Koma und Tod begleitet. Glucagon, welches von den A-Zellen der Inseln sezerniert wird, wirkt hauptsächlich auf die Leber im Sinne der Aufspaltung des Glykogens (eines Speicherkohlenhydrats) zu Glucose („Blutzucker“) und stimuliert die Freisetzung von Glucose.

Frage: In welchen Zellen der Pankreasinseln wird Insulin gebildet?

a) A-Zellen → S. 31

b) B-Zellen → S. 33

c) D-Zellen → S. 34

(von S. 27)

Ihre Antwort: Nebennierenmark.

Sie irren sich. Die Aktivität des Nebennierenmarks wird *nicht* vom ACTH (adrenocorticotropes Hormon) geregelt. ACTH wirkt auf die Nebennierenrinde. Wie vorher erwähnt, sind die Hormone, die vom Nebennierenmark sezerniert werden, Adrenalin und Noradrenalin. Die Nebennierenrinde hingegen sezerniert ungefähr 30 Hormone, die Corticoide genannt werden.

Bitte schlagen Sie S. 29 auf, und fahren Sie mit dem Programm fort.

(von S. 29)

Ihre Antwort: A-Zellen.

Sie irren sich. Die A-Zellen produzieren *nicht* Insulin, sondern Glucagon – ein Hormon, welches auf die Leber wirkt, um die Aufspaltung von Glykogen in Glucose und ihre Freigabe zu regeln.

Bitte kehren Sie zu S. 29 zurück und wiederholen Sie den Stoff, bevor Sie versuchen, die richtige Antwort zu geben.

Schlagen Sie S. 29 auf.

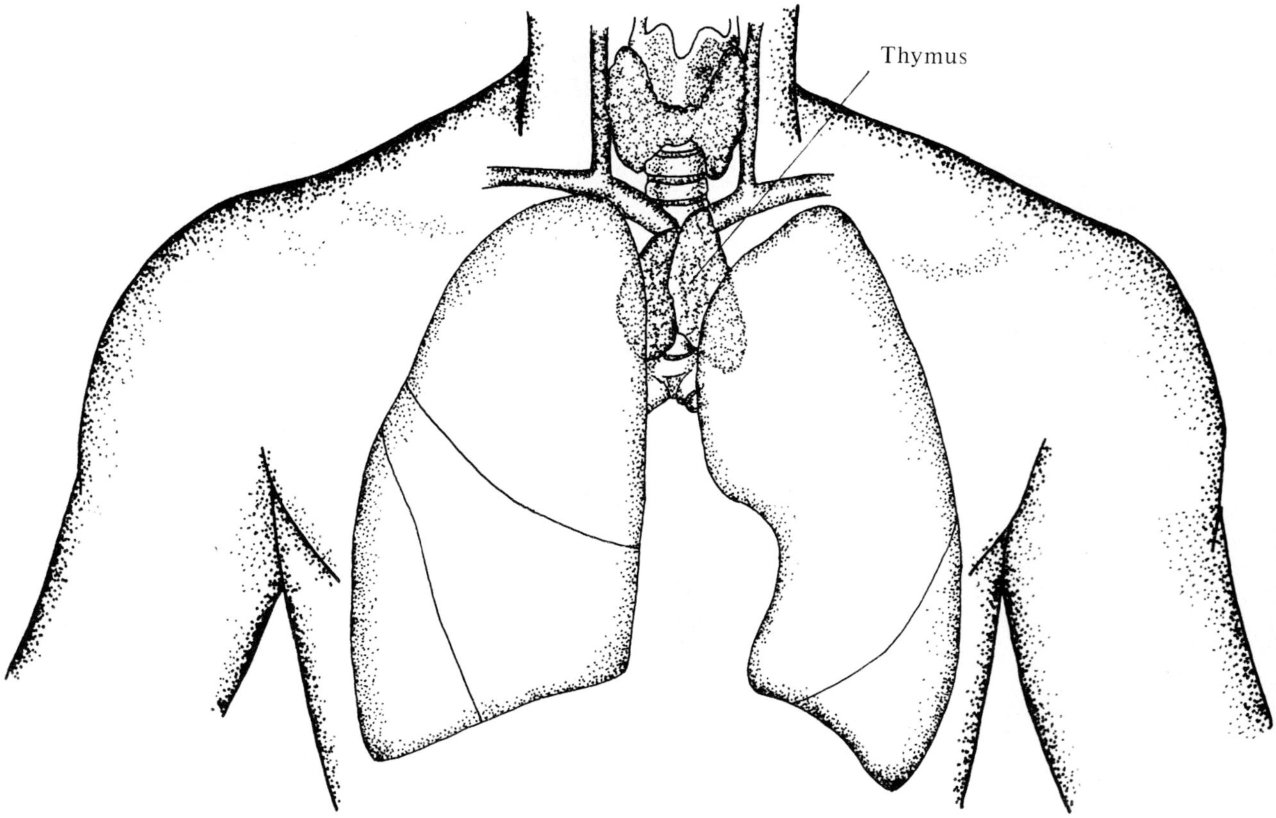

Abb. 10a. Lokalisation der Thymusdrüse.

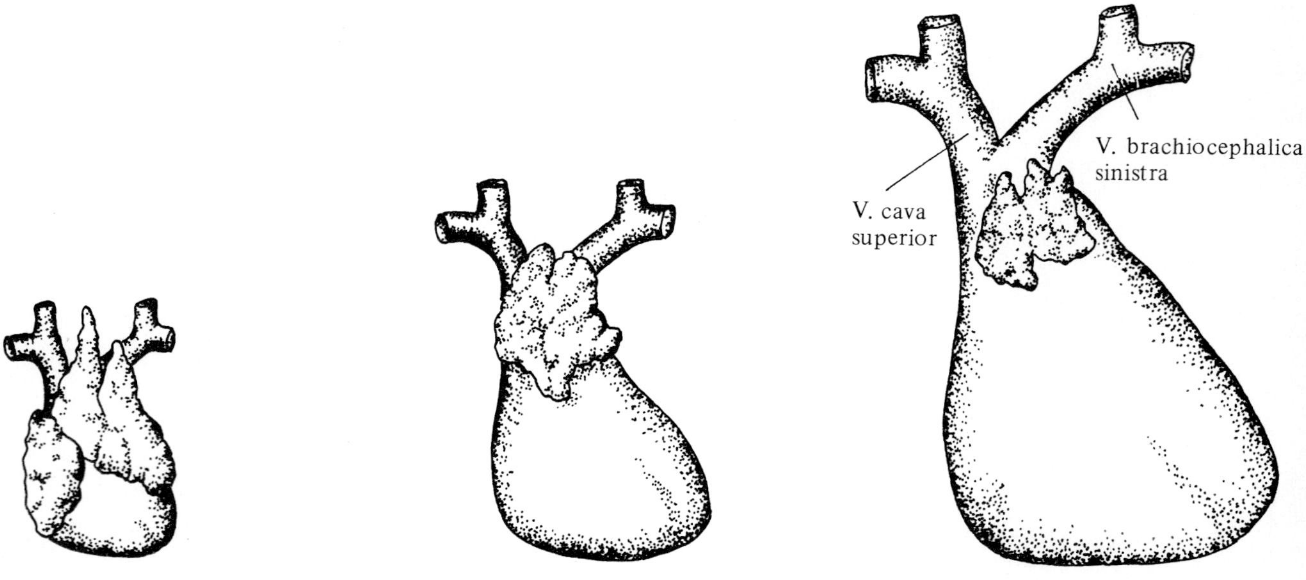

Thymus beim Neugeborenen

Thymus beim
2 Jahre alten Kind

Thymus beim Erwachsenen

Abb. 10b. Entwicklung der Thymusdrüse mit dem Lebensalter. Nach *Kahle* u.a.

(von S. 29)

Ihre Antwort: B-Zellen.

Richtig! Die B-Zellen der Pankreasinseln produzieren Insulin. Wie vorher erwähnt, glaubt man, daß Insulin hauptsächlich die zelluläre Aufnahme von Glucose reguliert. Früher nahm man an, daß Insulin auf ein Enzym oder auf eine andere Schlüsselfunktion der Zelle einwirkt. Nach neuesten Vorstellungen wirkt aber Insulin wie ein Türöffner, der der Zelle den Eintritt von Glucose ermöglicht.

Thymusdrüse

Der Thymus ist eine flache, rötlich-graue, zweigelappte Drüse, die hoch in der Brust hinter dem Sternum liegt. Obwohl sie während der fetalen Phase und der frühen Kindheit im Verhältnis zum übrigen Körper relativ groß ist, hört ihr Wachstum bei Beginn der Pubertät auf, und sie beginnt dann zu atrophieren. Welches Hormon der Thymus produziert, und wie es wirkt, ist noch nicht geklärt. Wahrscheinlich werden in ihm die Lymphozyten geprägt, bevor sie an den Organismus weitergegeben werden. Deshalb zählt man den Thymus auch zum Abwehrsystem des Körpers.

In diesem Zusammenhang haben neuere tierexperimentelle Untersuchungen gezeigt, daß nach Entfernung des Thymus bei der Geburt Hauttransplantate für eine lange Zeit erhalten bleiben, während sie abgestoßen werden, wenn der Thymus belassen wird. Das rechtfertigt die Annahme, daß der Thymus mit der Antikörperproduktion in Verbindung zu bringen ist. Abb. 10 zeigt die Lokalisation des Thymus.

Frage: Welche der beiden folgenden Antworten beschreibt die Funktion des Thymus?

a) Regulation des sexuellen oder Östronzyklus → S. 35

b) Prägung von Lymphozyten → S. 36

(von S. 29)

Ihre Antwort: D-Zellen.

Sie irren sich. Die D-Zellen der Pankreasinseln produzieren *nicht* Insulin. Insulin wird vielmehr von einer der anderen Arten von Inselzellen produziert, die wir diskutiert haben.

Von den D-Zellen wird wahrscheinlich Gastrin gebildet.

Bitte kehren Sie zu S. 29 zurück, und wiederholen Sie den dort dargebotenen Stoff, bevor Sie versuchen, die richtige Antwort zu geben.

Schlagen Sie S. 29 auf.

(von S. 33)

Ihre Antwort: Regulation des sexuellen oder Östronzyklus.

Sie irren sich. Eine Beziehung des Thymus mit den regulatorischen Prozessen des Östronzyklus wurde *nicht* nachgewiesen.

Bitte schlagen Sie S. 36 auf, und fahren Sie mit dem Programm fort.

Ihre Antwort: Prägung von Lymphozyten.

Richtig! Man neigt heute zu der Ansicht, daß der Thymus die Lymphozyten für ihre speziellen Funktionen im Abwehrsystem vorbereitet und prägt. Wenn diese Zellen vom Thymus freigesetzt werden, setzen sie sich wahrscheinlich in Organen wie der Milz und den Lymphknoten ab, wo sie bei der immunologischen Tätigkeit (Antikörperbildung) des Körpers beteiligt sind.

Die Antikörperbildung im Organismus, die durch den Thymus gesteuert wird, ist wichtig, um bestimmte Noxen (Gifte), die in der immunologischen Reaktion als Antigen bezeichnet werden, für den Körper unschädlich zu machen. Es handelt sich hierbei um eine ganz spezialisierte biologische Reaktion, bei der für ein spezifisches Antigen nur ein ganz spezifischer Antikörper in der Lage ist, diesen zu binden und dem Antigen damit seine toxische Eigenschaft zu nehmen.

Frage: Welche Funktionen haben die Antikörper im Organismus?

a) Die Antikörper können ganz spezifische Antigene binden und diese unschädlich machen → S. 37

b) Die Antikörper steuern das Wachstum des Organismus → S. 38

(von S. 36)

Ihre Antwort: Die Antikörper können ganz spezifische Antigene binden und diese unschädlich machen.

Richtig! Ganz spezifische Antikörper sind in der Lage, ganz bestimmte, für den Körper schädliche Antigene zu binden und sie dadurch unschädlich zu machen. Ein wichtiges Organ für die Antikörperbildung ist der Thymus, da er die Lymphozyten für ihre Funktion präpariert.

(von S. 36)

Ihre Antwort: Die Antikörper steuern das Wachstum des Organismus.

Sie irren sich. Die Antikörper sind nicht für das Wachstum des Organismus verantwortlich, sondern für die immunologische Reaktion, bei der es durch ganz spezifische Antigen-Antikörper-Bildung zur Ausschaltung von schädlichen Antigenen kommt.

Bitte schlagen Sie S. 40 auf, und fahren Sie mit dem Programm fort.

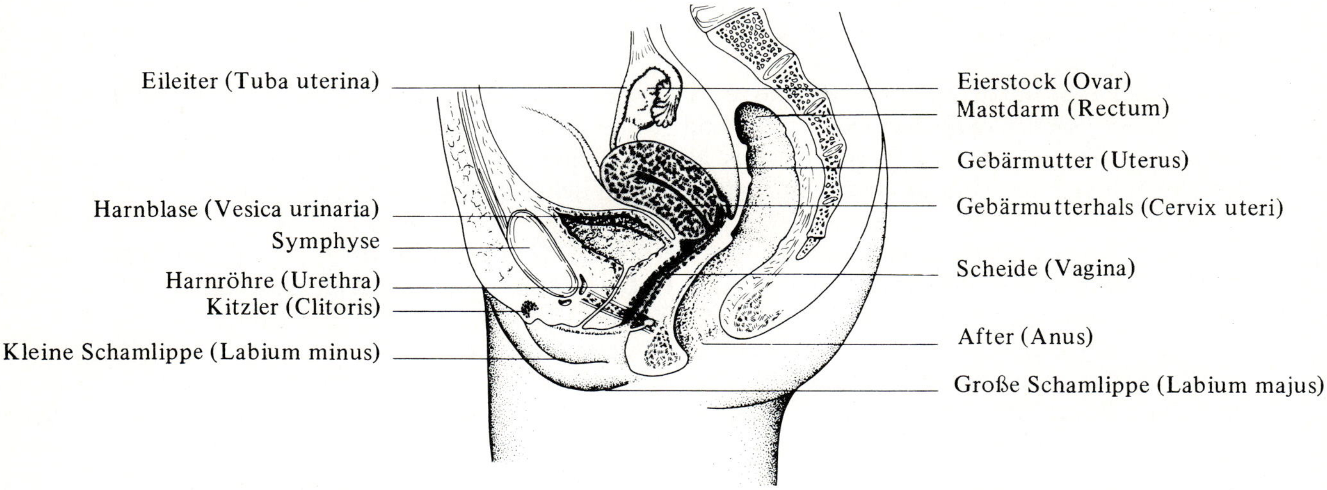

A. Median-Saggitalschnitt durch das weibliche Becken. Darstellung der Geschlechtsorgane.

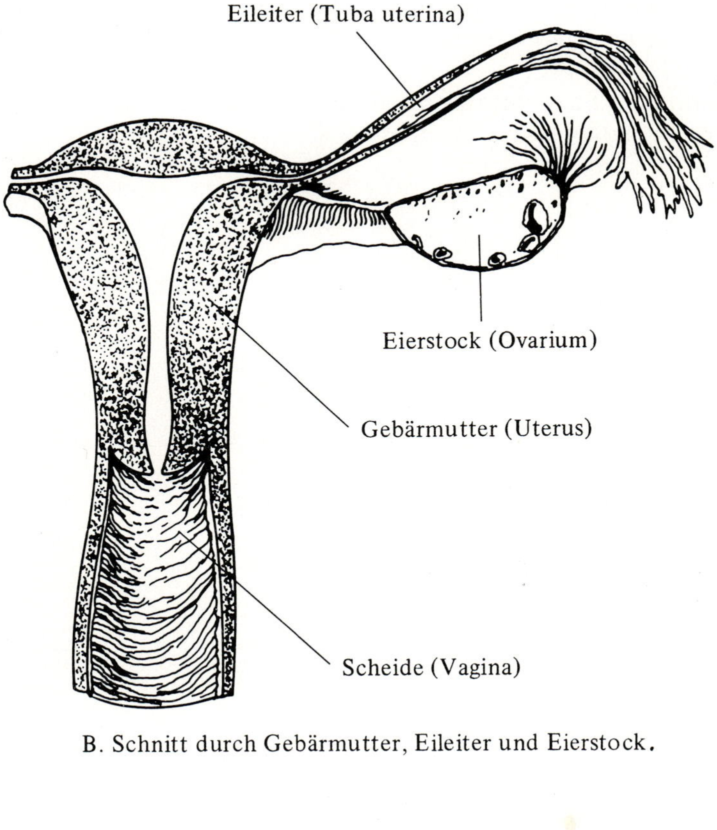

B. Schnitt durch Gebärmutter, Eileiter und Eierstock.

Abb. 11. Weibliche Geschlechtsorgane.

Ovarien

Die Ovarien sind kleine, oval geformte Strukturen, die im oberen Anteil des Beckens lokalisiert sind, je eines auf jeder Seite des Uterus (s. Abb. 11).

Die Ovarien produzieren zwei Hormone: Östrogen und Progesteron. Östrogen wird von den vesikulären oder *Graaf*schen Follikeln und während der Schwangerschaft von der Plazenta sezerniert. Progesteron wird vom Corpus luteum (einer in jedem Menstruationszyklus neu auftretenden Struktur) und durch die Plazenta während der Schwangerschaft sezerniert.

Östrogen ist ein Steroid, welches für das vermehrte Uteruswachstum und das Wachstum der Vagina während der Pubertät, ferner für die Entwicklung der sekundären Geschlechtsmerkmale (sowie die Verteilung des Körperfettes), die Verdickung der Uterushöhlenauskleidung zur Vorbereitung auf die Einbettung der befruchteten Eizelle und für die Wiederherstellung des Endometriums (innere, mucöse Membran des Uterus) im Anschluß an die Menstruation verantwortlich ist. Mangelsekretion von Östrogen verursacht Menstruationsunregelmäßigkeiten und Atrophie oder Unterentwicklung der Brüste und des Uterus.

Progesteron präpariert die bereits – durch die Aktion des Östrogen – teilweise verdickte Uteruswand für die Einbettung der befruchteten Eizelle und ist für den eigentlichen Implantationsprozeß verantwortlich. Außerdem unterhält Progesteron die Entwicklung der Plazenta, hindert das Ovarium an der Freisetzung weiterer Eizellen während der Schwangerschaft, bewirkt ein Wachstum der Brüste während der Schwangerschaft und Entwicklung der milchproduzierenden Zellen. Mangelsekretion von Progesteron verursacht Abort bei schwangeren Frauen und Menstruationsirregularität bei nichtschwangeren Frauen.

Frage: Welches weibliche Sexualhormon stimuliert Wachstum und Entwicklung der Vagina und der sekundären Geschlechtsorgane wie der Brüste?

a) Östrogen → S. 42

b) Progesteron → S. 43

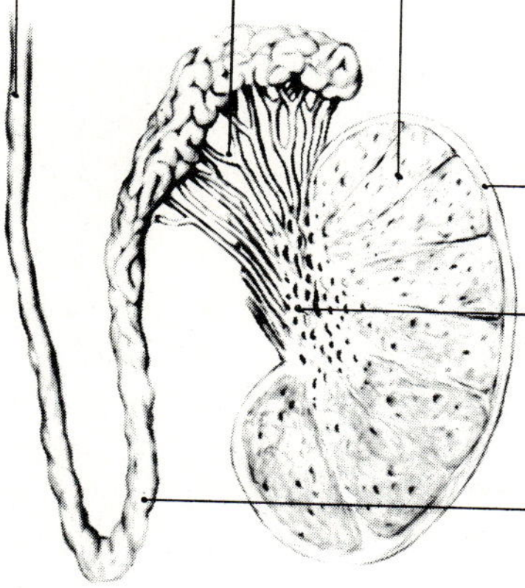

A. Schnitt durch den Hoden mit Nebenhoden.

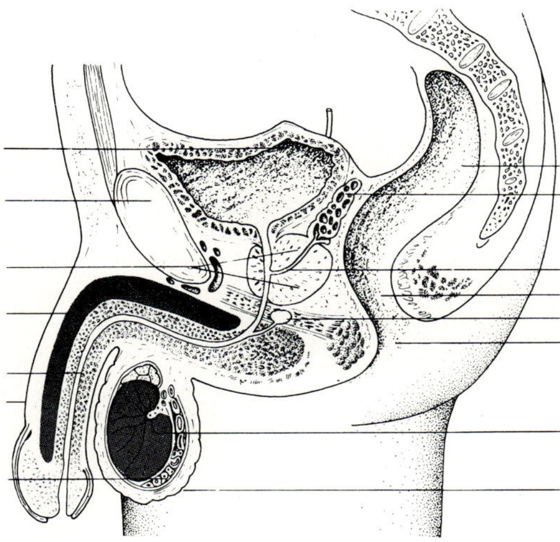

B. Median-Saggitalschnitt durch das männliche Becken. Darstellung der Geschlechtsorgane.

Abb. 12. Struktur und Lage des Hodens.

(von S. 40)

Ihre Antwort: Östrogen.

Richtig! Östrogen stimuliert das Wachstum und die Entwicklung der Vagina sowie der sekundären Geschlechtsmerkmale.

Hoden

Die Hoden oder männlichen Geschlechtsorgane entsprechen den Ovarien bei der Frau, und zwar nicht nur hinsichtlich der Produktion der Geschlechtszellen – die männlichen Geschlechtszellen heißen Spermatozoen oder Spermien – sondern auch in der Produktion des männlichen Geschlechtshormons (Testosteron). Jeder Hoden ist ein ovales, ungefähr 5 cm langes Organ innerhalb des Hodensacks (Scrotum) (s. Abb. 12).

Zwei Funktionen werden durch die Hoden ausgeführt: Sekretion von Testosteron, des männlichen Geschlechtshormons, durch die *Leydig*schen Zwischenzellen und Bildung der Spermatozoen, der männlichen Geschlechtszellen, durch die Tubuli seminiferi contorti. Testosteron, ein Steroidhormon, bewirkt die Entwicklung der sekundären Geschlechtsorgane und der sekundären Geschlechtsmerkmale, erhält sie während des Lebens aufrecht und trägt zur normalen männlichen Sexualaktivität bei. Mangelsekretion von Testosteron verhindert die volle Entwicklung der männlichen Geschlechtsmerkmale. Hormone der Adenohypophyse (Hypophysenvorderlappen) kontrollieren die Produktion und die Ausschüttung von Testosteron.

Frage: Welches spezialisierte Gewebe innerhalb des Hodens ist für die Produktion von Testosteron verantwortlich?

a) Tubuli seminiferi contorti → S. 44

b) *Leydig*sche Zwischenzellen → S. 45

(von S. 40)

Ihre Antwort: Progesteron.

Sie irren sich. Progesteron bewirkt *nicht* das Wachstum und die Entwicklung der Vagina und der sekundären Geschlechtsorgane. Vielmehr bereitet es das Endometrium für die Einbettung der befruchteten Eizellen vor, unterhält die Entwicklung der Plazenta, verhindert Ovulation während der Schwangerschaft, vergrößert die Brüste und entwickelt deren milchsezernierende Zellen während der Schwangerschaft.

Ihre Antwort auf die Frage hätte Östrogen lauten sollen. Östrogen ist das Hormon, welches für die Entwicklung der Vagina und der sekundären Geschlechtsorgane und -merkmale verantwortlich ist.

Bitte fahren Sie auf S. 42 mit dem Programm fort.

(von S. 42)

Ihre Antwort: Tubuli seminiferi contorti.

Sie irren sich. Das spezialisierte Gewebe, welches Sie als Antwort angaben – die Tubuli seminiferi contorti – bewirkt *nicht* die Produktion von Testosteron, sondern die der männlichen Geschlechtszellen oder Spermatozoen.

Ihre Antwort hätte *Leydig*sche Zwischenzellen lauten sollen. Diese spezialisierten Zellen produzieren Testosteron.

Bitte fahren Sie auf S. 45 mit dem Programm fort.

(von S. 42)

Ihre Antwort: *Leydig*sche Zwischenzellen.

Richtig! Die spezialisierten Zellen, welche als *Leydig*sche Zwischenzellen bekannt sind, produzieren Testosteron. Der Hypophysenvorderlappen (Adenohypophyse) allerdings kontrolliert die Bildung und die Ausschüttung des Hormons.

Gastrointestinale Hormone

Eine Anzahl von Hormonen ist am Verdauungsprozeß beteiligt. Beispielsweise wird Gastrin durch die Magenschleimhaut gebildet, wenn der Magen durch Speisebrei gedehnt und durch bestimmte Eiweißverbindungen stimuliert wird. Die Freisetzung des Hormons bewirkt eine reichliche Abgabe von Magensaft in den Magen.

Sekretin wird abgegeben, wenn der saure Speisebrei (das halbflüssige Material aus dem Magen) in das Duodenum gelangt. Sekretin stimuliert das Pankreas und die Leber, Pankreassaft bzw. Galle abzugeben. Zusätzlich zu der Auslösung der Sekretinausschüttung verursacht der Einstrom des Magenbreies in das Duodenum die Freigabe einer weiteren hormonartigen Substanz, des Cholecystokinin-Pankreozymins. Diese Substanz hat – wie der Doppelname besagt – eine Wirkung auf die Gallenblase und auf das Pankreas. Sie bewirkt eine Entleerung der Gallenblase und die Sekretion eines stark enzymhaltigen Pankreassaftes.

Enterogastron ist ein Hormon, welches von dem Duodenum freigesetzt wird, wenn Säure, Zucker oder fetthaltiger Speisebrei das Duodenum erreichen. Das Hormon hemmt die Motilität und Sekretion des Magens. Villikinin, ein anderes gastrointestinales Hormon, wird von der Schleimhaut des Dünndarms freigesetzt, wenn dieses vom Speisebrei erreicht wird. Es stimuliert die Peristaltik oder Bewegung der Darmwand.

Frage: Welches gastrointestinale Hormon verursacht die Kontraktion der Gallenblase und ist dadurch ein Beispiel für eine direkte Aktion eines Hormons am Muskelgewebe?

a) Gastrin → S. 46

b) Enterogastron → S. 47

c) Cholecystokinin-Pankreozymin → S. 48

(von S. 45)

Ihre Antwort: Gastrin.

Sie irren sich. Gastrin verursacht keine Kontraktion der Gallenblase. Dieses Hormon wird in der Magenschleimhaut gebildet, und es steigert die Sekretion des Magensaftes.

Bitte kehren Sie zu S. 45 zurück, und wiederholen Sie den dort dargebotenen Stoff, bevor Sie versuchen, die richtige Antwort zu geben.

Schlagen Sie S. 45 auf.

(von S. 45)

Ihre Antwort: Enterogastron.

Sie irren sich. Enterogastron verursacht *nicht* die Kontraktion der Gallenblase. Dieses Hormon, welches von der Schleimhaut des Dünndarms sezerniert wird, wenn diese durch die Anwesenheit von Fetten, Zucker und Säure stimuliert wird, hemmt die Magensaftsekretion und Motilität (Peristaltik) des Magens.

Bitte kehren Sie zu S. 45 zurück, und wiederholen Sie den dort dargebotenen Stoff, bevor Sie versuchen, die richtige Antwort zu geben.

Schlagen Sie S. 45 auf.

(von S. 45)

Ihre Antwort: Cholecystokinin-Pankreozymin.

Richtig! Cholecystokinin-Pankreozymin, ein von der Duodenalschleimhaut sezerniertes Hormon, bewirkt eine Kontraktion der Gallenblase, wodurch Galle in das Duodenum eingepreßt wird. Dieses Phänomen stellt ein schönes Beispiel für die direkte Einwirkung eines Hormons auf einen Muskel dar. Außerdem regt Cholecystokinin-Pankreozymin die Sekretion eines enzymreichen Pankreassaftes an.

Mit diesem Lernschritt ist Ihr Studium des Endokrinsystems beendet. Bitte schlagen Sie S. 49 auf, und wiederholen Sie den Stoff, den Sie sich bei der Bearbeitung dieses Programms angeeignet haben, bevor Sie sich dem Abschlußtest zuwenden.

Das Endokrinsystem – eine Wiederholung

Das Endokrinsystem besteht aus Drüsen, die direkt in den Blutstrom sezernieren. Man spricht auch von Drüsen ohne Ausführungsgang oder Drüsen der inneren Sekretion, um sie von den exokrinen Drüsen oder Drüsen mit abführenden Gängen zu unterscheiden. Der letztere Typ sezerniert über einen Tubulus oder einen Gang in eine der Körperhöhlen oder an die Körperoberfläche.

Das Endokrinsystem umfaßt folgende Drüsen: Hypophyse, Schilddrüse (Glandula thyreoidea), Nebenschilddrüsen (Glandulae parathyreoideae), Nebennieren, Gonaden (Ovarien und Hoden), *Langerhans*sche Inseln und Thymus. Außerdem sezerniert der Gastrointestinaltrakt gewisse Hormone in den Blutstrom. Zusätzlich hat die Plazenta eine Funktion als endokrine Drüse während der Schwangerschaft.

Sekrete der endokrinen Drüsen werden Hormone genannt. Diese chemischen Substanzen stellen einen wichtigen integrierenden Mechanismus des Körpers dar, der eng mit dem Nervensystem zusammenarbeitet. Die Funktionen der Hormone sind notwendig für das normale Wachstum, die Reproduktion und den Metabolismus.

Die Hypophyse ist in einer kleinen Eindellung des Keilbeins (Os sphenoidale) lokalisiert, wo sie an der Unterfläche des Gehirns befestigt ist. Die Drüse wird in drei Abschnitte eingeteilt: Vorderlappen (Adenohypophyse), Mittellappen und Hinterlappen (Neurohypophyse). Der Vorderlappen oder die Adenohypophyse wird als übergeordnete Drüse bezeichnet, da sie eine so bedeutende Wirkung auf die anderen endokrinen Drüsen und Körperregionen ausübt. Sie sezerniert z. B. das somatotrope Hormon (STH), welches das allgemeine Wachstum des Körpers bewirkt, das thyreotrope Hormon (TSH), welches die Glandula thyreoidea zur Produktion und Ausschüttung von Thyroxin stimuliert, das adrenocorticotrope Hormon (ACTH), welches die Nebennierenrinde zur Produktion und Ausschüttung verschiedener Corticoide stimuliert, und das gonadotrope Hormon, welches die Sexualorgane stimuliert. Überproduktion der Hormone der Adenohypophyse kann Akromegalie verursachen, Gigantismus, prämature Sexualentwicklung und eine Hyperaktivität der Thyreoidea und der Nebennierenrinde. Mangelsekretion der Adenohypophyse kann in einer sexuellen Unterentwicklung, in Zwergwuchs sowie in Atrophie der Thyreoidea und der Nebennierenrinde resultieren. Das Ausmaß der Hormonsekretion der Adenohypophyse wird durch einen Regelmechanismus (Rückkoppelung, „feedback“) gesteuert, dessen wesentliche Faktoren die Blutkonzentrationen der Corticoide, des Thyroxins und der Sexualhormone sind.

Die Neurohypophyse (Hypophysenhinterlappen) sezerniert Oxytocin und Adiuretin (ADH). Oxytocin stimuliert die Kontraktion des Uterus, die Wehen, und die Freisetzung von Milch bei der Laktation. Adiuretin (ADH) kontrolliert die Wasserrückresorption aus den distalen Tubuli und Sammelrohren der Niere. Die Neurohypophyse wird durch autonome Impulse aus dem Hypothalamus sowie durch den Blutspiegel von Oxytocin und ADH gesteuert.

Die Glandula thyreoidea ist am Hals unterhalb des Kehlkopfes (Larynx) lokalisiert und besteht aus zwei Lappen, die durch einen Isthmus aus Drüsengewebe verbunden sind. Unter dem Einfluß der Adenohypophyse produziert und sezerniert die Glandula thyreoidea Thyroxin, ein Hormon, welches den Körpermetabolismus und damit auch das Wachstum reguliert. Mangelsekretion von Thyroxin in der Kindheit verursacht Zwergwuchs (Kretinismus).

Verbunden mit der Hinterfläche der Glandula thyreoidea sind vier kleine runde Körperchen, die als Glandulae parathyreoideae bezeichnet werden. Sie sezernieren ein Hormon, welches Parathormon genannt wird und die Konzentration von Calcium-Ionen („Calciumspiegel“) in den Körperflüssigkeiten reguliert. Übersekretion des Parathormons verursacht einen vermehrten Abtransport von Calcium aus den Knochen. Mangelsekretion des Hormons verursacht schwere Muskelspasmen (Tetanie), was unbehandelt innerhalb weniger Stunden zum Tode führen kann.

Die Nebennieren liegen unmittelbar oberhalb einer jeden Niere. Sie sind aus zwei Teilen aufgebaut, einer äußeren Lage oder Rinde (Cortex) und einem inneren Kern oder Mark (Medulla). Die Rinde produziert etwa 30 Steroidverbindungen (Corticoide), die bei vielen lebensnotwendigen physiologischen Prozessen mitwirken. Zum Beispiel sind sie beteiligt bei der Konzentrationseinstellung der anorganischen Komponenten in den Körperflüssigkeiten, bei der Herstellung von Antikörpern und beim Kohlenhydrat- und Fettstoffwechsel, um nur einige ihrer Funktionen zu nennen. Das Nebennierenmark sezerniert Adrenalin und hat ähnliche Effekte wie die Stimulation des sympathischen Nervensystems, wodurch diese Effekte verstärkt und verlängert werden. Noradrenalin wirkt z.T. antagonistisch, z.T. ähnlich, so verursacht es eine mehr allgemeine und ausgedehnte Vasokonstriktion und einen deutlicheren Anstieg des Blutdrucks als Adrenalin.

Innerhalb des Pankreas finden sich kleine Inseln eines spezialisierten sekretorischen Gewebes, welches als *Langerhans*sche Inseln oder auch als Pankreasinseln bezeichnet wird. Diese Inseln setzen sich zusammen aus drei unterschiedlichen Zelltypen, den A-, B- und D-Zellen. Die A-Zellen sezernieren Glucagon, welches die Umwandlung von Glykogen (gespeichertes Kohlenhydrat) in Glucose (Blutzucker) bewirkt. B-Zellen synthetisieren Insulin, welches eine Art Türöffner-Funktion hat, indem es den Zucker in die Körperzellen eintreten läßt, wo er metabolisiert wird. Die Funktion der D-Zellen besteht wahrscheinlich in der Bildung von Gastrin. Mangelsekretion von Insulin kann zu Koma und Tod führen.

Die Ovarien sind zwei kleine Körper im großen Becken. Sie sezernieren zwei Sexualhormone: Östrogen und Progesteron. Östrogen wird vom *Graaf*schen Follikel und vom Corpus luteum produziert; es verursacht zunehmendes Wachstum des Uterus und der Vagina während der Pubertät, Entwicklung der sekundären Geschlechtsorgane und -merkmale, Einbettung der befruchteten Eizelle und Wiederaufbau des Endometriums nach der Menstruation. Progesteron unterhält die Entwicklung der Plazenta, unterdrückt die Ovulation und verursacht das Wachstum der Brüste und die Entwicklung der milchsezernierenden Zellen während der Schwangerschaft. Mangelsekretion von Östrogen verursacht Menstruationsunregelmäßigkeiten und Unterentwicklung oder Atrophie der Brüste und des Uterus. Mangelsekretion von Progesteron verursacht Menstruationsunregelmäßigkeiten bei nichtschwangeren Frauen und Spontanaborte bei schwangeren Frauen.

Die Hoden sind ovale, ungefähr 5 cm lange Organe, die innerhalb des Hodensacks (Scrotum) liegen. Die Hoden nehmen zwei Funktionen wahr – die Produktion der männlichen Geschlechtszellen (Spermatozoen) und die Sekretion des männlichen Geschlechtshormons (Testosteron). Testosteron wird von den *Leydig*schen Zwischenzellen produziert. Das Hormon bewirkt die Entwicklung der männlichen sekundären Geschlechtsmerkmale und unterhält sie während des ganzen Lebens. Außerdem trägt es zur Aufrechterhaltung des normalen sexuellen Verhaltens des Mannes bei.

Der Thymus ist ein flaches, rosa-graues, zweigelapptes Organ, das in der Brust unmittelbar hinter dem Sternum liegt. Man nimmt an, daß der Thymus die Quelle der Lymphozyten (Plasmazellen) während der fetalen Phase und kurz nach der Geburt ist. Diese Zellen siedeln sich nach der Freigabe aus dem Thymus in den Lymphknoten und der Milz an, wo sie die Produktion von Antikörpern bewirken.

Verschiedene Hormone werden von spezialisierten Zellen innerhalb des Verdauungstraktes sezerniert. Zum Beispiel wird Gastrin von der Magenschleimhaut sezerniert, wenn der Magen ausgeweitet wird, wodurch ein reichlicher Fluß von Magensaft verursacht wird. Sekretin, ein vom Duodenum freigesetztes Hormon, stimuliert das Pankreas zur Produktion von Pankreassaft. Cholecystokinin-Pankreozymin, ein anderes Hormon aus der Duodenalschleimhaut, verursacht eine Kontraktion der Muskulatur der Gallenblase, wodurch Galle in das Duodenum abgegeben wird, und es bewirkt die Sekretion eines stark enzymhaltigen Pankreassaftes. Enterogastron, welches vom Duodenum sezerniert wird, hemmt die Motilität und die Sekretion des Magens.

Begriffserläuterungen

Abort

Vorzeitige Ausstoßung des Embryos aus dem Uterus.

ACTH

siehe unter adrenocorticotropes Hormon.

Adenohypophyse

Vorderlappen der Hypophyse. Die Adenohypophyse wird als übergeordnete Drüse bezeichnet, da ihre Hormone eine weitreichende Wirkung auf die meisten anderen endokrinen Drüsen haben.

ADH

Antidiuretisches Hormon, auch Adiuretin genannt, das von der Neurohypophyse (Hypophysenhinterlappen) sezerniert wird und für eine verstärkte Wasserresorption in den distalen Tubuli und Sammelrohren der Niere sorgt. Mangel an ADH verursacht Diabetes insipidus.

Adrenalin

Ein Hormon, das vom Nebennierenmark produziert wird, auch als Epinephrin bezeichnet. Adrenalin verursacht Zunahme der Pulsfrequenz, Erweiterung der Coronararterien und Blutgefäße der Muskulatur, Blutdrucksteigerung, Erweiterung der Luftwege und Freigabe von Zucker in den Blutstrom. Adrenalin stellt den Körper also auf besondere Streßsituationen wie Flucht und Kampf ein.

Adrenocorticotropes Hormon

ACTH; ein Hormon, das von der Adenohypophyse sezerniert wird und in der Nebennierenrinde die Produktion der Corticoidhormone anregt.

Akromegalie

Eine durch Überproduktion des somatotropen oder Wachstumshormons der Adenohypophyse verursachte Störung im Anschluß an die Wachstumsperiode. Akromegalie wird durch ausgedehntes Wachstum der Knochen des Gesichts, der Hände und Füße charakterisiert sowie durch Verdickung der Haut und Vergrößerung der inneren Organe.

Alkalose

pH-Erhöhung des Blutes; z. B. bei erhöhtem Gehalt an Hydrogencarbonat im Blut.

Antidiuretisches Hormon

siehe unter ADH.

Antikörper

Spezielles Serumglobulin oder Blutprotein, das vom Körper produziert wird als Antwort auf Stimulation durch Antigene, wie z. B. eindringende pathogene Keime. Die Antikörperreaktion mit dem Antigen ist spezifisch.

Cerebrum

Hauptteil des Gehirns, liegt im oberen Teil der Schädelhöhle. Die zwei Hirnhemisphären, die durch das Corpus callosum verbunden sind, stellen den größten Teil des menschlichen Zentralnervensystems dar.

Cholecystokinin-Pankreozymin

Hormon, das von der Duodenalschleimhaut freigesetzt wird und eine Kontraktion der Gallenblase verursacht, wodurch die Galle in das Duodenum abgegeben wird. Außerdem fördert es die Sekretion von Pankreasenzymen.

Chymus

Halbflüssiges Material, das aus teilweise verdautem Speisebrei besteht, der in periodischen Abständen vom Magen in das Duodenum abgegeben wird; dort findet die weitere Verdauung statt.

Corpus luteum

Gelbkörper im Ovarium, der aus dem *Graaf*schen Follikel entsteht, nachdem dieser herangereift ist und die Eizelle abgegeben hat. Das Corpus luteum sezerniert ein als Progesteron bezeichnetes Sexualhormon.

Corticoide

Gruppe chemisch verwandter Hormone (ungefähr 30), die von der Nebennierenrinde sezerniert werden. Die Corticoidhormone sind bei verschiedenartigen Körperfunktionen beteiligt, wie Wasser- und Mineralhaushalt, Produktion von Antikörpern und Kohlenhydrat- und Fettstoffwechsel.

Eizelle

Die weibliche Geschlechtszelle wird in den Ovarien gebildet.

Endokrine Drüse

Drüse ohne Ausführungsgang; eine Drüse, welche direkt in das Blut sezerniert. Die endokrinen Drüsen stehen im Gegensatz zu den exokrinen Drüsen, die über Ausführungsgänge in Hohlorgane oder an die Körperoberfläche sezernieren.

Endokrinsystem

Das System von Drüsen, welche direkt in den Blutstrom und nicht über Ausführungsgänge sezernieren. Endokrine Drüsen extrahieren Substanzen aus dem Blutkreislauf und synthetisieren sie zu neuen komplexeren Substanzen, den Hormonen, die für die Regulation lebensnotwendiger Prozesse im Körper notwendig sind. Zum Endokrinsystem gehören die folgenden Drüsen: Hypophyse, Parathyreoideae, Thyreoidea, Thymus, Nebennieren, *Langerhans*sche Inseln und die Gonaden (Hoden und Ovarien).

Endometrium

Die Schleimhaut, die die Uterushöhle auskleidet.

Enterogastron

Hormon, das vom Duodenum freigesetzt wird, wenn Säure, Zucker oder fetthaltiger Chymus das Duodenum aus dem Magen erreicht. Das Hormon gelangt in den Magen, wo es die Magensaftsekretion und Motilität hemmt.

Epinephrin

siehe unter Adrenalin.

Exokrine Drüsen

Drüsen, die über ein Gangsystem in ein Hohlorgan sezernieren – wie etwa in den Magen – oder an die Oberfläche der Haut (Beispiel: die Schweißdrüsen). Die exokrinen Drüsen stehen im Gegensatz zu den endokrinen Drüsen, welche direkt in den Blutstrom sezernieren.

Exophthalmus

Anomales Hervortreten des Augapfels; eine Folge der Schilddrüsenüberfunktion.

Gastrin

Hormon, dessen Sekretion durch die Magenschleimhaut durch verschiedene Eiweißverbindungen sowie Dehnung des Magens (beim Füllen mit Speisen) stimuliert wird. Das Hormon erhöht die Abscheidung von Magensaft in den Magen.

Gigantismus

Eine Störung, die durch Übersekretion des somatotropen Hormons der Adenohypophyse während der Wachstumsperiode verursacht wird. Gigantismus ist durch exzessives Wachstum aller Knochen charakterisiert, wobei Körpergrößen bis zu 2,7 m beschrieben wurden.

Glandulae parathyreoideae

Kleine rundliche Lappen, die an der Hinterseite der seitlichen Lappen der Thyreoidea lokalisiert sind (Nebenschilddrüsen). Die Drüsen sezernieren das für den Calciumhaushalt des Körpers wichtige Parathormon.

Glandula thyreoidea

Schilddrüse; endokrine Drüse, die am Hals etwa in Höhe des Larynx und des oberen Teils der Trachea lokalisiert ist. Die Glandula thyreoidea ist aus zwei Lappen aufgebaut, die durch eine Brücke aus drüsigem Gewebe verbunden sind. Die Glandula thyreoidea bildet Thyroxin, das die Umsatzgeschwindigkeit im Körper reguliert.

Glucagon

Hormon, das von den A-Zellen der Pankreasinseln sezerniert wird. Glucagon wirkt hauptsächlich auf die Leber im Sinne des Abbaus von Glykogen und Freisetzung von Glucose.

Glucose

Ein Zucker, der in einer bestimmten optisch aktiven (d. h. die Ebene des polarisierten Lichts drehenden) Form in der Natur vorkommt und von zentraler Bedeutung für den Stoffwechsel der Zelle ist.

Glykogen

Hauptspeicherform der Kohlenhydrate bei Tieren und beim Menschen; wird in der Leber gebildet und in großen Mengen dort gespeichert. Entsprechend den Bedürfnissen des Körpers kann es in Glucose umgeformt und freigesetzt werden.

Gonadotrope Hormone

Hormone, die von der Adenohypophyse sezerniert werden und auf die Sexualdrüsen wirken.

***Graaf*scher Follikel**

Kleiner rundlicher Körper in der Außenschicht des Ovariums. Im Follikel reift die Eizelle.

Hoden

Die Reproduktionsorgane des Mannes. Die Hoden produzieren Spermatozoen (männliche Geschlechtszellen) und Testosteron, das männliche Sexualhormon. Die Hoden sind ca. 5 cm lange ovale Organe im Scrotum.

Hormone

Chemische Substanzen, die von endokrinen Drüsen sezerniert werden. Hormone regulieren die verschiedenen Körperaktivitäten, erhalten die Homöostase aufrecht und kontrollieren Form und Geschwindigkeit des Wachstums.

Hypertonie

Hoher Blutdruck.

Hypophyse

Kleine endokrine Drüse in einer Eindellung des Keilbeins. Die Hypophyse ist an der Unterfläche des Gehirns durch einen stielartigen Fortsatz befestigt. Die Drüse besteht aus zwei Teilen, der Adenohypophyse (Vorderlappen) und der Neurohypophyse (Hinterlappen).

Hypophysenvorderlappen

Auch als Adenohypophyse bezeichnet. Dieser Struktur kommt übergeordnete Bedeutung zu, da ihre Sekrete einen ausgedehnten Effekt auf die meisten anderen endokrinen Drüsen haben.

Hypotonie

Niedriger Blutdruck.

In utero

Innerhalb des Uterus, d. h. während des uterinen Lebens.

Insulin

Ein Hormon, das von den B-Zellen des Pankreas sezerniert wird. Insulin ist bei der Regulation der Zuckeraufnahme in die Zellen beteiligt. Mangel an Insulin wird begleitet von Wasser- und Elektrolytverlust, Hypotonie und kann zum Tod führen.

Jod

Nicht-metallisches Element, das in der Nahrung enthalten sein muß. Es wird vom Körper für den Aufbau des Thyroxins, des Hormons der Thyreoidea, verwendet.

Kretinismus

Eine Form des Zwergwuchses, die durch Mangelsekretion von Thyroxin durch die Thyreoidea während der Kindheit verursacht wird.

***Langerhans*sche Inseln**

Kleine Gruppen von spezialisierten Zellen, die innerhalb des Pankreas verteilt liegen. Die Pankreasinseln, wie sie auch heißen, sezernieren zwei wichtige Hormone – Insulin und Glucagon.

Laktation

Die Sekretion von Milch.

_Leydig_sche Zwischenzellen

Zellen innerhalb der Hoden, die Testosteron, das männliche Sexualhormon, sezernieren.

Lymphknoten

Drüsenartige Strukturen, die in Gruppen innerhalb des lymphatischen Systems gefunden werden. Lymphknoten werden auch Lymphdrüsen oder lymphatische Drüsen genannt.

Lymphozyten

Eine besondere Form der weißen Blutzellen, die im retikulären Gewebe der Lymphknoten entstehen.

Menstruation

Die zyklische physiologische Uterusblutung, welche normalerweise alle vier Wochen während der reproduktiven Periode der Frau auftritt, solange keine Schwangerschaft besteht.

Metabolismus

Die Summe aller physikalischen und chemischen Prozesse, durch die in lebenden Organismen Substanzen bereitgestellt und – unter anderem mit der Zielsetzung der Energiegewinnung – umgewandelt werden.

Milz

Großes Organ im oberen Teil der Bauchhöhle, welches Blut speichert und gealterte rote Blutzellen zerstört. Das dabei freigesetzte Hämoglobin wird einer Reihe von Abbaureaktionen unterworfen, an deren Ende die Umwandlung zu Bilirubin in der Leber steht. Die volle Funktion der Milz ist noch nicht gänzlich geklärt.

Motilität

Die Fähigkeit, sich zu bewegen.

Myometrium

Die Muskelschicht des Uterus.

Myxödem

Ein Zustand, der durch Mangelsekretion des Thyroxins durch die Glandula thyreoidea bei Erwachsenen hervorgerufen wird. Myxödem verursacht geistige Mangelbeteiligung und eine Schwellung von Hals und Gesicht.

Nebennieren

Endokrine Drüsen am obersten Pol einer jeden Niere. Jede Nebenniere enthält eine Rinde, die verschiedene Corticoidhormone synthetisiert, und ein Mark, das Adrenalin und Noradrenalin sezerniert.

Nebennierenmark

Innerer Anteil der Nebennieren. Das Mark sezerniert Adrenalin und Noradrenalin.

Nebennierenrinde

Außenschicht der Nebenniere. Die Nebennierenrinde sezerniert Corticoidhormone, von denen eine Reihe lebensnotwendig für die Körperfunktion sind.

Noradrenalin

Vom Nebennierenmark sezerniertes Hormon, das auch als Norepinephrin bezeichnet wird. Das Hormon wirkt auf manche Zielorgane ähnlich wie Adrenalin, z. T. aber auch antagonistisch.

Norepinephrin

siehe unter Noradrenalin.

Östrogen

Weibliches Sexualhormon, das von den Ovarien produziert wird. Östrogen ist ein natürliches Steroid, welches das Wachstum des Uterus während der Pubertät sowie die Entwicklung der sekundären Geschlechtsmerkmale stimuliert. Östrogen verursacht eine Verdickung der Uterusauskleidung (Endometrium) zur Vorbereitung auf die Einnistung der befruchteten Eizelle und ist außerdem bei dem Wiederaufbau des Endometriums nach der Menstruation beteiligt.

Ovarien

Kleine, oval geformte Strukturen, die im oberen Bereich des Beckens liegen, je eines auf jeder Seite des Uterus. Die Ovarien sezernieren zwei Hormone – Östrogen und Progesteron – und bilden die weiblichen Geschlechtszellen (Ova).

Oxytocin

Hormon, das vom Hypophysenhinterlappen sezerniert wird. Oxytocin stimuliert den Uterus zur Kontraktion bei der Geburt, erhält die Wehen aufrecht und beeinflußt die Laktation.

Pankreas

Große längliche Drüse hinter dem Magen. Das Pankreas sezerniert den für die Verdauung notwendigen Pankreassaft in das Duodenum. Die Pankreasinseln sezernieren zudem Insulin und Glucagon in das Blut.

Pankreasinseln

siehe unter *Langerhans*sche Inseln.

Pankreozymin

siehe unter Cholecystokinin-Pankreozymin.

Parathormon

Hormon, das von den Glandulae parathyreoideae sezerniert wird. Parathormon hält den normalen Calciumspiegel im Blut und in den Körperflüssigkeiten aufrecht. Übersekretion des Hormons verursacht Schwächung der Knochen bis zur Verformung. Mangelsekretion kann Tetanie und Tod verursachen.

Peristaltik

Schlingende Bewegungen, durch die die Verdauungsorgane ihren Inhalt fortbewegen. Sie besteht aus einer Welle von Muskelkontraktionen mit nachfolgender Erschlaffung.

Pitressin

siehe unter ADH.

Plazenta

Organ im Uterus, das die Verbindung zwischen dem kindlichen und dem mütterlichen Kreislaufsystem herstellt.

Progesteron

Weibliches Sexualhormon, das von den Ovarien sezerniert wird. Progesteron bereitet die Uteruswandung für die Einbettung der befruchteten Eizelle vor und ist für den eigentlichen Implantationsprozeß verantwortlich. Außerdem unterhält es die Entwicklung der Plazenta, verhindert die Freigabe zusätzlicher Eier aus dem Ovarium und verursacht die Vergrößerung der Brüste und die Entwicklung der milchsezernierenden Zellen während der Schwangerschaft. Mangelsekretion an Progesteron während der Schwangerschaft verursacht Abort, bei nicht-schwangeren Frauen Menstruationsunregelmäßigkeiten.

Pubertät

Einsetzen der sexuellen Reife. Alter, in dem die sekundären Geschlechtsmerkmale entwickelt werden.

Scrotum

Eine Hauttasche, in der die Hoden und ihre Anhangsorgane enthalten sind.

Sekretin

Hormon, das vom Duodenum sezerniert wird, wenn saurer Speisebrei in das Duodenum eintritt. Sekretin stimuliert das Pankreas zur Bildung und Sekretion von Pankreassaft und die Leber zur Bildung und Sekretion von Galle.

Sekundäre Geschlechtsmerkmale

Veränderungen am Körper, die während der Pubertät auftreten, d. h. Verteilung von Körperhaar und Fettgewebe sowie Stimmbruch.

Somatotropes Hormon

STH; ein Hormon, das von der Adenohypophyse sezerniert wird und das Wachstum der Knochen, der Weichteile und Organe reguliert (Wachstumshormon).

Spermatozoen

Spermien; die männlichen Geschlechtszellen, die von den Hoden hergestellt werden.

Steroide

Eine Gruppe von Verbindungen, die dem Cholesterin nahestehen. Zu dieser Gruppe gehören u. a. die Sexualhormone.

Testosteron

Männliches Sexualhormon, das von den *Leydig*schen Zwischenzellen produziert wird. Testosteron gehört chemisch der Klasse der Steroide an, stimuliert die Entwicklung der sekundären Geschlechtsmerkmale und ist für die normale sexuelle Aktivität des Mannes verantwortlich.

Tetanie

Schwere Muskelspasmen und Konvulsionen. Tetanie wird durch einen niedrigen Blutcalciumspiegel verursacht, der mit der Funktion des Parathormones in Zusammenhang steht, eines Hormons, das von den Glandulae parathyreoideae sezerniert wird.

Thymus

Flache, rosa-graue, zweigelappte Drüse, die hoch in der Brust hinter dem Sternum liegt. Der Thymus hört bei Beginn der Pubertät zu wachsen auf und beginnt zu atrophieren. Man nimmt an, daß Lymphozyten oder Plasmazellen im Thymus entwickelt werden.

Thyreotropes Hormon

Ein Hormon, das von der Adenohypophyse sezerniert wird und auf die Glandula thyreoidea einwirkt. Das thyreotrope Hormon (TSH) reguliert das Wachstum der Glandula thyreoidea und die Produktion ihrer Hormone.

Thyroxin

Hormon, das von der Glandula thyreoidea gebildet wird. Thyroxin steuert die metabolische Aktivität der Körpergewebe und hat somit auch Einfluß auf das Wachstum. Die Produktion und Freisetzung von Thyroxin wird durch das thyreotrope Hormon der Adenohypophyse reguliert.

TSH

siehe unter thyreotropes Hormon.

Tubuli seminiferi contorti

Kleine gefaltete Gänge, die den größten Teil der Hoden ausmachen und in denen die Spermatozoen produziert werden.

Tyrosin

Eine kristallisierbare Aminosäure, die bei der Verdauung von Proteinen mit Hilfe der Pankreasenzyme anfällt. Tyrosin wird für die Bildung von Thyroxin – des Thyreoideahormons – benötigt und zählt zu den essentiellen Aminosäuren.

Uterus

Ein muskuläres, birnenförmiges Hohlorgan von ca. 7,5 cm Länge, in dem das befruchtete Ei implantiert wird und sich zum Fetus entwickelt.

Vagina

Scheide, die den Penis beim Koitus aufnimmt. Die Vagina erstreckt sich von der Vulva zur Cervix.

Villikinin

Gastrointestinales Hormon, das von der Schleimhaut des Dünndarmes sezerniert wird, wenn Speisebrei den Dünndarm erreicht. Villikinin stimuliert die Bewegung der Darmwand (Peristaltik).

Zwergwuchs

Ein Zurückbleiben im normalen Wachstum, verursacht durch unzureichende Sekretion des somatotropen Hormons durch die Adenohypophyse.

Abschlußtest

Bevor Sie sich neuem Stoff zuwenden, sollten Sie sich der Mühe unterziehen, diesen Abschlußtest zu bearbeiten. An dem von Ihnen erzielten Ergebnis können Sie beurteilen, wieviel Sie über die Anatomie und Physiologie des Endokrinsystems gelernt haben. Der Vergleich mit dem Ergebnis des Eingangstests zeigt Ihnen, wie wirksam Ihre Arbeit war. Die richtigen Antworten zum Test finden Sie am Ende des Heftes. Wenn Sie leere Einlegeblätter für Ihre Antworten benützen, können Sie Ihren Lernerfolg am besten prüfen.

1. Das . . . . Hormon der übergeordneten endokrinen Drüse (Adenohypophyse) stimuliert das Wachstum des Skeletts, der inneren Organe und der Körpergewebe.

2. Zwei Substanzen würden aus dem Hinterlappen der Hypophyse isoliert: . . . . und . . . .

3. . . . ., ein Hormon der Neurohypophyse, wirkt auf die Resorption von Wasser in den distalen Tubuli und Sammelrohren der Niere.

4. Produktion und Ausschüttung von Thyroxin in der Glandula thyreoidea wird gesteuert durch das . . . . Hormon, das von der . . . . sezerniert wird.

5. Welches Hormon bewirkt das Wachstum und die Entwicklung der Vagina und der weiblichen sekundären Geschlechtsmerkmale (z. B. der Brüste)?

   a) Östrogen
   b) Progesteron
   c) Oxytocin
   d) Vasopressin

6. Welches spezialisierte Gewebe der Hoden produziert Testosteron?

   a) *Leydig*sche Zwischenzellen
   b) *Langerhans*sche Inseln
   c) Tubuli seminiferi contorti
   d) Betazellen

7. Die Skretion welches gastrointestinalen Hormons verursacht die Kontraktion der Gallenblase?

   a) Gastrin
   b) Enterogastron
   c) Cholecystokinin-Pankreozymin
   d) Sekretin

8. Welches Hormon wird vom Corpus luteum produziert?

a) Sekretin
b) Progesteron
c) Adrenalin
d) Noradrenalin

9. Von welchem Hormon nimmt man an, daß es die zelluläre Aufnahme der Glucose steuert?

a) Glucagon
b) Villikinin
c) Insulin
d) Gastrin

10. Das Endokrinsystem besteht aus Drüsen, die ihr Sekret in die Hohlorgane des Körpers oder auf die Oberfläche der Haut sezernieren.

richtig ☐ falsch ☐

11. Die chemischen Substanzen, die von den endokrinen Drüsen sezerniert werden, heißen Enzyme.

richtig ☐ falsch ☐

12. Progesteron ist ein Hormon, das von der Epiphyse während der Schwangerschaft produziert wird.

richtig ☐ falsch ☐

13. Progesteron bereitet die Uteruswand für die Implantation der befruchteten Eizelle vor.

richtig ☐ falsch ☐

14. Die Hoden produzieren nicht nur die männlichen Geschlechtszellen, sondern auch ein Steroidhormon, das die Entwicklung der sekundären Geschlechtsmerkmale stimuliert.

richtig ☐ falsch ☐

15. Hormone des Hypophysenvorderlappens kontrollieren die Produktion und Ausschüttung von Testosteron.

richtig ☐ falsch ☐

16. Freisetzung von Gastrin durch die Magenschleimhaut bewirkt die Ausschüttung eines reichlichen Flusses von Magensaft in den Magen.

richtig ☐ falsch ☐

Ordnen Sie die Bezeichnungen in der linken Spalte der passenden Definition oder Beschreibung aus der rechten Spalte zu.

17. .... Chymus

18. .... Corpus luteum

19. .... Glucagon

20. .... Insulin

21. .... Adrenalin

22. .... Homöostase

23. .... Myxödem

24. .... Abort

a) Hormon, das auf die Leber einwirkt und die Aufspaltung und Abgabe von Glykogen bewirkt.

b) chemische, durch endokrine Drüsen sezernierte Substanz, die verschiedene Körperfunktionen integriert

c) gelbe Masse im Ovarium, die aus einem *Graaf*schen Follikel entsteht, der herangereift ist und die Eizelle ausgestoßen hat

d) vorzeitige Ausstoßung des Embryos oder des nicht lebensfähigen Fetus aus dem Uterus

e) Hormon, das die zelluläre Aufnahme von Zucker reguliert

f) halbflüssiger, teilweise verdauter Speisebrei, der in periodischen Abständen aus dem Magen in das Duodenum abgegeben wird

g) Hormon, das vom Mark der Nebenniere sezerniert wird und den Körper auf Notfallreaktionen einstellt

h) Körperkondition, die durch Mangelsekretion des Thyroxins bei Erwachsenen verursacht wird

i) Körperkondition, die durch Übersekretion des Thyreoideahormons während der Wachstumsjahre hervorgerufen wird

j) ausgeglichener innerer Körperzustand

k) Hormon der Nebenschilddrüsen

l) kleine weiße Struktur im Zentrum des Gehirns

m) Gruppe von cholesterinartigen Verbindungen

25. .... bedeutet übermäßiges Wachstum der Knochen des Gesichts, der Hände und Füße sowie Verdickung der Haut und Vergrößerung der inneren Organe.

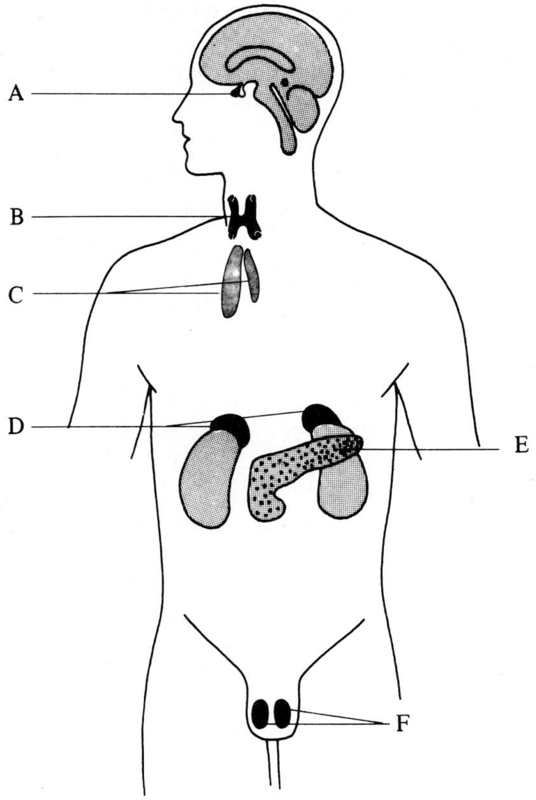

26. Welche Drüse befindet sich am Punkt A der oben stehenden Abbildung, die eine Übersicht über das Endokrinsystem gibt?

. . . .

27. Welche Drüse befindet sich am Punkt B der oben stehenden Abbildung, die eine Übersicht über das Endokrinsystem gibt?

. . . .

28. Welche Drüse befindet sich am Punkt C der oben stehenden Abbildung, die eine Übersicht über das Endokrinsystem gibt?

. . . .

29. Identifizieren Sie die Drüsen am Punkt D der obigen Abbildung des Endokrinsystems.

. . . .

30. Welche Drüsen befinden sich am Punkt E der obigen Abbildungen des Endokrinsystems?

. . . .

31. Welche Drüse befindet sich am Punkt F der obigen Abbildung des Endokrinsystems?

. . . .

32. Das thyreotrope Hormon, das vom Hypophysenvorderlappen sezerniert wird, wirkt hauptsächlich an den Glandulae parathyreoideae.

richtig ☐ falsch ☐

33. Übersekretion des somatotropen Hormons der Adenohypophyse beeinflußt das Wachstum des Körpers.

richtig ☐ falsch ☐

34. Akromegalie tritt auf, wenn sich eine Hypophysendysfunktion an die Wachstumsperiode anschließt.

richtig ☐ falsch ☐

35. Zwergwuchs resultiert aus einer Mangelsekretion eines Vorderlappen-Hormons der Hypophyse während der Wachstumsperiode.

richtig ☐ falsch ☐

36. Die Glandula thyreoidea wird aus einer Masse dicht gepackter Zellen aufgebaut, die als vesikuläre Follikel bezeichnet werden.

richtig ☐ falsch ☐

37. Die Neurohypophyse ist in früher Kindheit verhältnismäßig groß, hört aber beim Beginn der Pubertät auf zu wachsen und beginnt zu atrophieren.

richtig ☐ falsch ☐

38. Die Thymusdrüse liegt hoch in der Brust hinter dem Brustbein.

richtig ☐ falsch ☐

39. Die Ovarien sind kleine, oval geformte Strukturen im oberen Teil des Beckens; je ein Ovarium befindet sich auf jeder Seite des Uterus.

richtig ☐ falsch ☐

40. Man vermutet, daß der Thymus *in utero* und kurz nach der Geburt die Lymphozyten für die Antikörperbildung prägt.

richtig ☐ falsch ☐

41. Die Nebennierenrinde sezerniert zwei Hormone, die an den Zielorganen z.T. gleichartig wirken, z.T. antagonistisch: Adrenalin und Noradrenalin.

richtig □ falsch □

42. Hormone der Nebennierenrinde verursachen eine Steigerung der Pulsfrequenz, eine Erweiterung der Coronararterien und eine Ausschüttung von Zucker in den Blutkreislauf.

richtig □ falsch □

43. Hormone des Nebennierenmarks verstärken die Wirkung des autonomen Nervensystems während Streßperioden.

richtig □ falsch □

44. Hormone der Nebennierenrinde werden Corticoide genannt und wirken auf verschiedene Körperfunktionen wie Wasserhaushalt, Produktion von Antikörpern und den Kohlenhydrat- und Fettstoffwechsel.

richtig □ falsch □

45. Die Glandula thyreoidea vereinigt Jod und Tyrosin zu einer chemischen Verbindung, auf die ein Hormon vom Hypophysenvorderlappen einwirkt, woraufhin Thyroxin freigesetzt wird.

richtig □ falsch □

46. Thyroxin reguliert die Gesamtleistung der Körpergewebe und hat auf diese Weise Einfluß auf die Wachstumsprozesse des Körpers.

richtig □ falsch □

47. Mangelsekretion von Thyroxin während der Wachstumsperiode führt zu einem Myxödem, einer Form des Zwergwuchses.

richtig □ falsch □

48. Das . . . . der übergeordneten endokrinen Drüse wirkt auf die Nebennierenrinde und stimuliert die Produktion von Hormonen, die besonders für den Stoffwechsel von Zucker und Eiweiß Bedeutung haben.

49. Sekretin wird von der Leber abgegeben, wenn saurer Speisebrei vom Magen in das Colon gelangt.

richtig □ falsch □

50. Wenn die Duodenalschleimhaut von Fettpartikeln stimuliert wird, sezerniert sie Cholecystokinin-Pankreozymin, welches die Kontraktion der Gallenblase verursacht.

richtig □ falsch □

51. Das endokrine System besteht aus Drüsen, die ihr Sekret direkt in das .... sezernieren.

52. Endokrine Drüsen extrahieren Substanzen aus dem .... und vollziehen die .... neuer komplexerer Verbindungen, die wesentlich sind für die .... der vitalen Körperprozesse.

53. Die .... ist in einer kleinen Eindellung des Keilbeins lokalisiert und mit der Unterseite des Gehirns durch einen stielartigen Fortsatz verbunden.

54. Mangelsekretion von .... bewirkt einen niedrigen Blutcalciumspiegel, der Tetanie verursachen kann.

55. Verstreut durch das Pankreas finden sich Gruppen spezialisierter Zellen, welche .... und .... sezernieren.

56. Die Hypophyse besteht aus .... Teilen, die sich bezüglich Ursprung, Struktur und Funktion erheblich unterscheiden.

57. Da ihre Sekrete so weitreichende Effekte auf die meisten anderen endokrinen Drüsen haben, wird die .... als übergeordnete endokrine Drüse bezeichnet.

58. Im Endokrinsystem werden die Drüsensekrete über Kapillaren, die die einzelnen sekretorischen Drüsen drainieren, direkt in das Blut abgegeben.

richtig □ falsch □

59. Die exokrinen Drüsen sezernieren Hormone über Ausführungsgänge in das Blut.

richtig □ falsch □

60. Die Adenohypophyse wird wegen der weitreichenden Effekte, die sie auf die anderen endokrinen Drüsen ausübt, häufig als übergeordnete endokrine Drüse bezeichnet.

richtig □ falsch □

61. Hormone, die von der Adenohypophyse sezerniert werden, werden gewöhnlich nach dem endokrinen Organ oder Körperteil benannt, auf das sie wirken.

richtig □ falsch □

62. Die Hypophyse ist über einen stielartigen Fortsatz mit der Unterseite des Gehirns verbunden.

richtig □ falsch □

63. Die Hypophyse hat eine zweigelappte Struktur; die beiden Lappen sind jedoch bezüglich Ursprung, Struktur und Funktion identisch.

richtig □ falsch □

64. Hormone wirken mit dem zentralen Nervensystem zusammen, um die verschiedenen Körperaktivitäten zu integrieren.

richtig □ falsch □

65. Die Hypophyse ist im Hals, etwa auf der Höhe des Larynx und oberen Teils der Trachea, lokalisiert.

richtig □ falsch □

66. Welche Funktion hat die Epiphyse beim Menschen?

a) Regulation der sexuellen Zyklen
b) Umwandlung nervaler in hormonale Impulse
c) Regulation des Wasserhaushalts
d) die Funktion ist nicht bekannt

67. Die . . . . sind kleine, rundliche Körper an der Hinterfläche der Schilddrüsenlappen.

68. Mangelsekretion von . . . . in der Kindheit verursacht Kretinismus, eine Form des Zwergwuchses.

69. Welches Hormon wirkt auf die Nebennierenrinde im Sinne einer Stimulierung der Hormonproduktion dieses Organs?

a) TSH
b) ACTH
c) STH
d) keines der genannten

70. Welches Hormon des Hypophysenhinterlappens bewirkt die Uteruskontraktionen während der Geburt?

a) Oxytocin
b) Adiuretin

71. Welche Zellen des Pankreas sezernieren Insulin?

a) A-Zellen
b) B-Zellen
c) D-Zellen
d) keine der genannten

72. Welche der folgenden Funktionen wird der Thymusdrüse zugeschrieben?

a) Regulation des Östronzyklus
b) Präparation des Uterus zur Aufnahme des befruchteten Eies
c) Prägung von Lymphozyten vor deren Abgabe an Milz und Lymphknoten
d) Regulation der Wasserabsorption in den distalen Tubuluszellen der Niere

73. Welches Hormon der Adenohypophyse stimuliert das Wachstum des Skeletts, der inneren Organe und der Weichteile?

a) adrenocorticotropes Hormon
b) somatotropes Hormon
c) thyreotropes Hormon
d) gonadotropes Hormon

74. Das adrenocorticotrope Hormon der Adenohypophyse stimuliert das Wachstum des Skeletts, der inneren Organe und der Weichteile.

richtig ☐ falsch ☐

75. Oxytocin, ein Hormon des Hypophysenhinterlappens, stimuliert die Uteruskontraktion bei der Geburt.

richtig ☐ falsch ☐

76. Adiuretin, ein Hormon der Nebenniere, verursacht eine Verengung der kleinen Arterien und Kapillaren.

richtig ☐ falsch ☐

77. Mangel an ADH, dem antidiuretischen Hormon der Neurohypophyse, verursacht Diabetes insipidus.

richtig ☐ falsch ☐

78. Welche der folgenden Drüsen gibt ihr Sekret in ein Hohlorgan ab?

a) Nebennieren
b) Glandulae parathyreoideae
c) Glandula thyreoidea
d) keine der genannten

79. Welche der nachgenannten Strukturen ist die Adenohypophyse?

a) Hypophysenvorderlappen
b) Nebennierenrinde
c) Hypophysenhinterlappen
d) Nebennierenmark

80. Zwergwuchs resultiert von Mangelsekretion eines Hormons welcher Drüse?

a) Thymus
b) Glandulae parathyreoideae
c) Hypophyse
d) Nebennierenmark

81. Übersekretion des Thyreoideahormons bei Erwachsenen ist mit Nervosität, Erregbarkeit und Exophthalmus verbunden.

richtig ☐ falsch ☐

82. Oxytocin und Adiuretin sind wachstumsbeeinflussende Hormone, die vom Hypophysenhinterlappen sezerniert werden.

richtig ☐ falsch ☐

83. Die Produktion und Freisetzung von Thyroxin wird hauptsächlich vom autonomen Nervensystem bestimmt.

richtig ☐ falsch ☐

84. Ein hoher Blutspiegel von thyreotropem Hormon stimuliert die Sekretion von Thyroxin, welches seinerseits die Sekretion des thyreotropen Hormones hemmt.

richtig ☐ falsch ☐

85. Die Anzahl der Nebenschilddrüsen wechselt beim Menschen, beläuft sich jedoch gewöhnlich auf vier.

richtig ☐ falsch ☐

86. Die Pankreasinseln enthalten mindestens drei verschiedene Zelltypen, wobei Insulin von den B-Zellen produziert wird.

richtig ☐ falsch ☐

87. Die Insulinsekretion der Pankreasinseln steht mit der zellulären Aufnahme von Zucker in Zusammenhang.

richtig ☐ falsch ☐

88. Glucagon wirkt hauptsächlich auf die Leber unter Stimulierung der Galleproduktion.

richtig ☐ falsch ☐

89. Der Thymus ist eine flache, rosa bis graue, zweigelappte Drüse in einer Einbuchtung unterhalb des Frontalhirns.

richtig ☐ falsch ☐

90. Die Produktion und Freisetzung von Thyroxin wird reguliert durch:

a) autonomes Nervensystem

b) thyreotropes Hormon der Adenohypophyse

c) Hormone der Neurohypophyse

d) Aktivität des Nebennierenmarks

91. Mangelsekretion welches Hormons bewirkt Muskelspasmen und Konvulsionen (Tetanie)?

a) Thyreotropin

b) Oxytocin

c) Adiuretin

d) Parathormon

92. Welche der folgenden Strukturen sezerniert Adrenalin?

a) Nebennierenrinde

b) Nebennierenmark

c) Hypophysenvorderlappen

d) Hypophysenhinterlappen

93. Das Hormon der Nebenschilddrüsen reguliert den Wasserhaushalt.

richtig □ falsch □

94. Mangelsekretion von Parathormon wird von einem niedrigen Calciumblutspiegel begleitet, der Tetanie hervorrufen kann.

richtig □ falsch □

95. Die Nebennieren sind gelbliche Körper, die am obersten Pol der Nieren lokalisiert sind.

richtig □ falsch □

96. Jede Nebenniere enthält einen Cortex oder äußeren Teil (Rinde) und eine Medulla oder inneren Kern (Mark).

richtig □ falsch □

97. Im Handel erhältliche Formen von ...., einem von der Hypophyse sezernierten Hormon, werden manchmal verwendet, um die Uteruskontraktionen zu steigern und die Blutung bei der Geburt zu vermindern.

Antworten zum Eingangstest

Frage Nr.	richtige Antwort	Text-bezug (S.)	Frage Nr.	richtige Antwort	Text-bezug (S.)
1	Hypophyse	2	30	richtig	7
2	Schilddrüse (Glandula thyreoidea)	2	31	richtig	7
			32	richtig	5
3	Thymus	2	33	falsch	5
4	Nebennieren	2	34	falsch	7
5	*Langerhans*sche Inseln des Pankreas	2	35	richtig	12
6	männliche Keimdrüsen (Testes)	2	36	falsch	12
			37	richtig	12
7	d)	1	38	falsch	10
8	a)	5	39	richtig	15
9	b)	7	40	richtig	15
10	b)	10	41	richtig	15
11	a)	12	42	falsch	18
12	c)	15	43	richtig	18
13	b)	18	44	richtig	18
14	d)	22	45	falsch	18
15	b)	25	46	richtig	18
16	b)	29	47	falsch	12
17	c)	33	48	falsch	18
18	d)	36	49	richtig	22
19	a)	40	50	richtig	22
20	a)	42	51	falsch	22
21	c)	45	52	richtig	22
22	b)	40	53	richtig	25
23	c)	29	54	richtig	25
24	falsch	1	55	falsch	25
25	falsch	1	56	falsch	25
26	richtig	1	57	richtig	25
27	falsch	1	58	richtig	27
28	richtig	1	59	richtig	29
29	falsch	5	60	richtig	29

Frage Nr.	richtige Antwort	Textbezug (S.)	Frage Nr.	richtige Antwort	Textbezug (S.)
61	falsch	29	89	Nebenschilddrüsen	22
62	falsch	33	90	f)	45
63	falsch	12	91	c)	40
64	richtig	33	92	a)	29
65	richtig	40	93	e)	29
66	richtig	33	94	g)	25
67	falsch	40	95	j)	1
68	richtig	40	96	h)	18
69	richtig	42	97	d)	40
70	richtig	42			
71	richtig	45			
72	falsch	45			
73	richtig	45			
74	Blut	1			
75	Blut; Synthese; Regulation	1			
76	Hypophyse	5			
77	Parathormon	22			
78	Insulin; Glucagon	29			
79	zwei	5			
80	Adenohypophyse (Hypophysenvorderlappen)	7			
81	adrenocorticotrope Hormon (ACTH)	10			
82	somatotrope	10			
83	Oxytocin und Adiuretin	12			
84	das antidiuretische Hormon (ADH)	12			
85	thyreotrope; Adenohypophyse	18			
86	Akromegalie	15			
87	Thyroxin	18			
88	Oxytocin	15			

Antworten zum Abschlußtest

Frage Nr.	richtige Antwort	Text-bezug (S.)	Frage Nr.	richtige Antwort	Text-bezug (S.)
1	somatotrope	10	31	männliche Keimdrüsen (Testes)	2
2	Oxytocin und Adiuretin	12	32	falsch	10
3	Vasopressin, Pitressin oder antidiuretisches Hormon (ADH)	12	33	richtig	15
4	thyreotrope; Adenohypophyse	18	34	richtig	15
5	a)	40	35	richtig	15
6	a)	42	36	falsch	18
7	c)	45	37	falsch	12
8	b)	40	38	richtig	33
9	c)	29	39	richtig	40
10	falsch	1	40	richtig	33
11	falsch	1	41	falsch	25
12	falsch	40	42	falsch	25
13	richtig	40	43	richtig	25
14	richtig	42	44	richtig	27
15	richtig	42	45	richtig	18
16	richtig	45	46	richtig	18
17	f)	45	47	falsch	18
18	c)	40	48	adrenocorticotrope Hormon (ACTH)	10
19	a)	29	49	falsch	45
20	e)	29	50	richtig	45
21	g)	25	51	Blut	1
22	j)	1	52	Blut; Synthese; Regulation	1
23	h)	18	53	Hypophyse	5
24	d)	40	54	Parathormon	22
25	Akromegalie	15	55	Insulin; Glucagon	29
26	Hypophyse	2	56	zwei	5
27	Schilddrüse (Glandula thyreoidea)	2	57	Adenohypophyse (Hypophysenvorderlappen)	7
28	Thymus	2	58	richtig	1
29	Nebennieren	2			
30	*Langerhans*sche Inseln des Pankreas	2			

Frage Nr.	richtige Antwort	Text-bezug (S.)	Frage Nr.	richtige Antwort	Text-bezug (S.)
59	falsch	1	88	falsch	29
60	richtig	7	89	falsch	33
61	richtig	7	90	b)	18
62	richtig	5	91	d)	22
63	falsch	5	92	b)	25
64	richtig	1	93	falsch	22
65	falsch	5	94	richtig	22
66	d)	36	95	richtig	25
67	Nebenschilddrüsen	22	96	richtig	25
68	Thyroxin	18	97	Oxytocin	15
69	b)	10			
70	a)	12			
71	b)	29			
72	c)	33			
73	b)	7			
74	falsch	7			
75	richtig	12			
76	falsch	12			
77	richtig	12			
78	d)	1			
79	a)	5			
80	c)	15			
81	richtig	18			
82	falsch	12			
83	falsch	18			
84	richtig	22			
85	richtig	22			
86	richtig	29			
87	richtig	29			